DIE NEUZEITLICHE SPEISEWASSER-AUFBEREITUNG

VON

DR.-ING. HANS BALCKE
BERLIN-WESTEND

MIT 98 ABBILDUNGEN IM TEXT

Springer-Verlag Berlin Heidelberg GmbH
1930

URSPRÜNGLICH ERSCHIENEN BEI OTTO SPAMER, LEIPZIG 1930
SOFTCOVER REPRINT OF THE HARDCOVER 1ST EDITION 1930

ISBN 978-3-662-33663-2 ISBN 978-3-662-34061-5 (eBook)
DOI 10.1007/978-3-662-34061-5

HERRN KONSUL

L. BERTELE, NÜRNBERG

ERGEBENST ZUGEEIGNET

Vorwort.

Das vorliegende Buch soll den Klein- und Großkesselbesitzern beratend zur Seite stehen und neben der Beschreibung der wesentlichsten Aufbereitungsverfahren über alle heute wichtigen Fragen Aufschluß geben, welche mit der neuzeitlichen Speisewasseraufbereitung, besonders bei Anwendung auf Hochdruckkessel, zusammenhängen. Das Buch soll sich weniger an die Literatur dieses Fachgebietes anlehnen, als vornehmlich diejenigen Erfahrungen und Erkenntnisse der Öffentlichkeit vermitteln, welche ich während meiner Sachverständigentätigkeit auf diesem Gebiete gewonnen habe.

Auf dem Gebiete der Speisewasseraufbereitung, besonders für Hoch- und Höchstdruckanlagen, ist literarisch in den letzten Jahren viel gearbeitet worden. Ansicht steht gegen Ansicht, und die Meinungen werden oft in einer Weise begründet, daß die Darlegungen für den dem Fachgebiet Fernerstehenden unverständlich sind und die grundsätzlichen Richtlinien und Erkenntnisse vermissen lassen.

Zwei Probleme beschäftigen zur Zeit den Dampfkesselbau: die Frage der wirtschaftlichsten Feuerung und die zweckmäßigste Speisewasseraufbereitung. Über die zweite Frage soll das vorliegende Werk Auskunft geben.

Ich habe die Abhandlung so kurz wie möglich gehalten, um das Sparprinzip auch auf die mit der Durchlesung dieses Büchleins verbundene Geistesarbeit meiner verehrten Leser anzuwenden.

Berlin, Weihnachten 1929.

Der Verfasser.

Inhaltsangabe.

I. Über die Notwendigkeit der Wasseraufbereitung zur Kesselspeisung.

Wasser enthält Salze in Lösung, welche bei Erhitzung Kesselstein bilden, der seinerseits die Ursache von Betriebsstörungen und Kesselexplosionen bilden kann. Vor allem aber braucht ein Kessel, dessen Heizrohre mit Kesselstein belegt sind, unverhältnismäßig mehr Kohle, um eine bestimmte Dampfmenge zu entwickeln, als ein reingehaltener. Oft genügt schon eine sehr dünne Kesselsteinschicht, um die Wärmedurchlässigkeit der Kesselwände ganz erheblich herabzusetzen; denn der Kesselstein ist ein schlechter Wärmeleiter, der den Wärmeaustausch zwischen den Heizgasen und dem Kesselwasser so erschwert, daß eine genügende Erhitzung des Wassers nur durch eine höhere Temperatur der Heizgase erreicht werden kann. Die letzteren ziehen dann um einige hundert Grade heißer als sonst zum Kamin ab, und damit ist die Kohlenvergeudung im vollen Gange.

Man war früher nicht in der Lage, diesem Übel abzuhelfen, und man stand dieser Vergeudung auch lässig gegenüber, da Kohlen noch billig waren. Heute, wo der hohe Brennstoffpreis zur Ausbildung zweckmäßiger Verfahren zur Vorreinigung des Rohwassers geführt hat, die es gestatten, den Kessel ganz oder teilweise steinfrei zu halten, bleibt für den Dampfkesselbesitzer nur noch die Wahl des geeignetsten Reinigungsverfahrens übrig; es sei denn, daß ihm — was nur in ganz seltenen Fällen zutrifft — natürliches, weiches und gasfreies Wasser zur Verfügung steht.

Wie schon gesagt, genügt oft schon eine sehr dünne Kesselsteinschicht, um den Kohlenverbrauch außerordentlich zu steigern. Bei der Auswahl unter den Reinigungsverfahren sollten nur diejenigen in Frage kommen, welche sämtliche Kesselsteinbildner im Wasser unschädlich machen, bevor diese in den Kessel gelangen. Von diesem Gesichtspunkt aus werden von der großen Anzahl angepriesener Reiniger viele ausgeschieden werden müssen; auch von den hiernach übrigbleibenden kommt noch eine Anzahl in Fortfall, wenn der Kesselbesitzer — mit Recht — verlangt, daß die Reinigungsanlage nicht etwa den Raum einer kleinen chemischen Fabrik beanspruchen darf.

Chemisch reines Wasser, wie es zur Speisung der Kessel besonders geeignet wäre, findet sich in der Natur nur als Regenwasser. Dieses löst aber beim Durchdringen des Bodens und durch Benetzung von Gesteinen eine Reihe von Stoffen auf.

Im folgenden sind die gelösten Stoffe in Abhängigkeit von der Herkunft des Wassers nach *Blacher*[1] zusammengesetzt:

[1] *Blacher*, Das Wasser in der Dampf- und Wärmetechnik. Verlag von Otto Spamer, Leipzig 1925.

Das Regenwasser enthält auf dem Lande nur die Gasbestandteile der Luft: Sauerstoff, Stickstoff und etwas Kohlensäure. An besiedelten Orten sind im niedergehenden Regenwasser gelöst: Ammoniak, Schwefelwasserstoff, Chlornatrium und Kohlensäure. In beiden Fällen wird mehr oder weniger Staub mitgerissen.

Das Brunnenwasser. In nicht besiedelten Gegenden geben Grundwasserbrunnen ein Wasser, welches hauptsächlich Erdalkalicarbonate, Neutralsalze und etwas freie Kohlensäure enthält. Hinzu kommen aus den obersten Schichten und der Krume Lehm, organische Verbindungen, besonders Humusstoffe. In besiedelten Gegenden werden Abwasserstoffe hineingeschwemmt.

Das Quellwasser ist als ein offen zu Tage tretendes, also an der Erdoberfläche frei und selbsttätig austretendes Grundwasser anzusehen. Es enthält demnach zumeist die gewöhnlichen Erdalkalisalze, viel Kohlensäure und sehr wenig organische Stoffe.

Das Flußwasser ist ein verändertes und verunreinigtes Quellwasser und Grundwasser. Im eingeschlossenen tiefen Grundwasser lösen sich im relativen Kohlensäureüberschuß die Erdalkalicarbonate, im strömenden Flußwasser entweicht die Kohlensäure. Die Carbonate fallen dabei wieder aus. Vermengt wird das Flußwasser mit von Wiesen und Äckern kommenden Wässern und den aus den Mooren stammenden humusreichen braunen Abläufen. Dazu kommen Abwässer aus den Städten und Siedlungen. Das Regenwasser verdünnt das Flußwasser und führt Sand, Lehm und alle möglichen anderen Schwebestoffe organischer und anorganischer Natur mit sich. An den Mündungen wird unter besonderen Verhältnissen Seewasser am Flußbett eingesogen.

In diese Wässer gelangen nun leicht die in der Natur weit verbreiteten Neutralsalze von Natrium und Kalk wie auch von Magnesium.

Die im Wasser gelösten Stoffe lassen sich in übersichtlicher Weise wie folgt zusammenstellen, wobei die auf der linken Seite stehenden Stoffe in irgendeiner Weise mit denen der rechten verbunden sind:

Kohlensäure	(CO_2),	Kalk	(CaO),
Schwefelsäure	(SO_3),	Magnesia	(MgO),
Chlor	(Cl),	Natron	(Na_2O),
		Kali	(K_2O).

Den Gehalt des Wassers an Kalk- und Magnesiumverbindungen bezeichnet man als seine Härte. Diese drückt annähernd die Menge des aus dem ungereinigten Wasser sich im Kessel absetzenden Steines aus, dessen Schädlichkeit sich indessen nur durch eine genaue Analyse feststellen läßt, durch welche die einzelnen, die Härte ausmachenden Bestandteile bestimmt werden (z. B. bildet der schwefelsaure Kalk (Gips) einen viel härteren Stein, als kohlensaurer Kalk). Der Ausdruck „Härte" leitet sich von der Eigenschaft der im Wasser enthaltenen Erdalkalisalze ab, welche die Bildung einer sich weich anfühlenden Seifenlösung erschwert. Man hat diese Eigenschaft des Wassers an der Menge der durch das Wasser unwirksam gemachten Seife zu schätzen versucht. Man erhielt auf diese Weise nicht die absoluten Gewichtsmengen der härtebildenden Stoffe, sondern man ermittelte lediglich ihre durch chemische Reaktion bestimmten Verhältnismengen. In der chemischen Sprache nennt man diese relativen Einheiten Äquivalente. Äquivalente Mengen der Erdalkalisalze erzeugen gleiche Härtegrade. Die Maßeinheit ist dabei praktisch willkürlich.

Man unterscheidet zwischen deutschen und französischen Härtegraden. 1° deutscher Härte entspricht der Lösung von 10 mg CaO in 1 l Wasser, während der Gehalt von 10 mg $CaCO_3$ in 1 l Wasser 1° französische Härte kennzeichnet. Die Umrechnung ergibt, daß 1° französische Härte gleich 0,56° deutsche Härte ist.

Auch unterscheidet man zwischen schwer und leicht löslichen Salzen. Zu der ersten Gruppe gehören die Carbonate. Kalk ist mit etwa 20 mg und kohlensaure Magnesia mit 95 mg im Liter Wasser löslich. Zur zweiten Gruppe gehört vor allem der schwefelsaure Kalk, welcher noch mit 1800 mg im Liter Wasser löslich ist, während Chloride schon die sehr große Löslichkeit von 4 Millionen Milligramm im Liter aufweisen.

Der Gehalt des Wassers an Kalk, Magnesia, Kohlensäure und Schwefelsäure muß durch eine Analyse bestimmt werden. Schwefelsäure ist in den meisten Fällen an Kalk gebunden und bildet mit ihm schwefelsauren Kalk (Gips), der übrige, nicht an Schwefelsäure gebundene Kalk ist an Kohlensäure gebunden; ebenso ist die Magnesia am häufigsten als kohlensaures Salz vorhanden, während Kali oder Natron sich in Verbindung mit Chlor vorfinden. Gießt man Schwefelsäure auf kohlensauren Kalk, so braust er auf, es entweicht Kohlensäure, während schwefelsaurer Kalk zurückbleibt. Leitet man dagegen Kohlensäure in eine Lösung von schwefelsaurer Magnesia oder Chlormagnesium, so fällt kohlensaure Magnesia aus. Wenn also die obengenannten Stoffe sich im Wasser vorfinden, so werden sie sich darin in folgender Zusammensetzung zeigen:

Die Schwefelsäure (SO_3) wird soviel Kalk an sich ziehen, als ihrem Sättigungsvermögen entspricht, d. h. 80 Teile SO_3 werden 56 Teile CaO binden und mit diesen $CaSO_4$ (schwefelsauren Kalk = Gips) bilden. Dagegen wird sich der übrige Kalk mit Kohlensäure verbinden, ebenso die Magnesia, während Natron oder Kalk an Chlor gebunden auftreten.

Wenn beispielsweise in 100000 Teilen gefunden werden:

16,10	Teile	Schwefelsäure	(SO_3),
19,63	„	Kalk	(CaO),
2,19	„	Magnesia	(MgO),
1,50	„	Kali und Natron	(K_2O und Na_2O),

so berechnet sich die Analyse wie folgt: 80 Teile Schwefelsäure (SO_3) vermögen mit 56 Teilen Kalk (CaO) schwefelsauren Kalk zu bilden; danach werden im vorliegenden Falle auf 16,10 Teile Schwefelsäure $80:56 = 16{,}10:x$, also $x = 11$, 27 Teile Kalk kommen, die zusammen 27,37 Teile schwefelsauren Kalk geben. Es bleiben $19{,}63 - 11{,}27 = 8{,}36$ Teile Kalk übrig. Diese sind mit Kohlensäure verbunden, und zwar 56 Teile Kalk mit 44 Teilen Kohlensäure, mithin die 8,36 Teile Kalk mit 6,57 Teilen Kohlensäure. Auch die Magnesia ist an Kohlensäure gebunden, nämlich im Verhältnis von 40:44; es kommen also auf die 2,19 Teile Magnesia 2,41 Teile Kohlensäure.

Es sind demnach in 100000 Teilen Wasser:

11,27 + 16,10 = 27,37 Teile schwefelsaurer Kalk,
8,36 + 5,57 = 14,93 Teile kohlensaurer Kalk und
2,19 + 2,41 = 4,60 Teile kohlensaure Magnesia,

oder es sind in 100 l ebenso viele Gramm dieser Salze enthalten, welche sämtlich aus dem Speisewasser entfernt werden müssen, da sie Kesselstein bilden.

Kohlensaurer Kalk und kohlensaure Magnesia sind in reinem Wasser nur wenig löslich. Die durch Verwitterung und Verwesung in der Erde reichlich

Fig. 1. Versuchsstation zur Untersuchung von Speisewässern.

auftretende Kohlensäure wird vom einsickernden Wasser aufgenommen. Derartige kohlensäurehaltige Wässer vermögen kohlensauren Kalk und kohlensaure Magnesia zu lösen, indem sich je eine Molekül Kohlensäure (CO_2) mit je einem Molekül dieser Verbindungen ($CaCO_3$ = kohlensauren Kalk oder $MgCO_3$ = kohlensaurer Magnesia) zu doppeltkohlensaurem Kalk und doppeltkohlensaurer Magnesia verbindet, welche beide in Wasser löslich sind. Bei Erwärmung des Wassers spalten sich diese Bicarbonate in unlösliche Monocarbonate $CaCO_3$ und $MgCO_3$ und Kohlensäure. Die ersteren bilden Kesselstein, die letzteren können bei Gegenwart von Sauerstoff Gaszerstörungen (Korrosionen) hervorrufen. Beide müssen daher aus dem Wasser vor der Kesselspeisung entfernt werden.

Um zu untersuchen, welche Schäden nicht enthärtetes Wasser für den Dampfkesselbetrieb mit sich bringen würde, sind in den Figuren 2—5 einige

Mikroaufnahmen gebracht, welche zugleich auch den grundsätzlichen Verlauf der Steinbildungen erkennen lassen. Um diese Bilder zu gewinnen, wurden in den Wasserraum eines Versuchskessels polierte Plättchen eingehangen, das Wasser wurde unter den jeweils in der Praxis herrschenden Verhältnissen verdampft. Nach einer gewissen Kochdauer wurden die mit Stein belegten Plättchen herausgenommen und unter vielfacher Vergrößerung photographiert. Eine solche Versuchsstation zeigt Fig. 1. Vorn auf der Figur ist das Modell eines Steilrohrkessels für 30 atü und links ein Hochdruckkessel für 100 atü erkennbar. An dem Steilrohrkessel wurden die in Fig. 2—5 wiedergegebenen Eindampfungsergebnisse mit einem Rohwasser (Brunnenwasser aus Oberschlesien) erzielt, welches folgende Härtebildner enthielt:

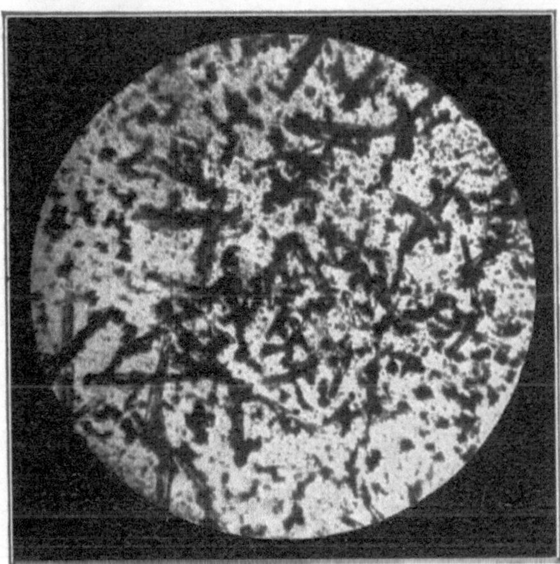
Fig. 2. Kieselsaurer Kalk + Magnesia.

$MgCO_3$	224,0	mg/l
$CaSO_4$	923,0	„
$MgSO_4$	69,8	„
FeO_3	14,8	„
SiO_2	52,8	„

Man kann bei der Entstehung von Kesselstein drei Grundvorgänge beobachten:

Zuerst scheidet sich der kohlensaure Kalk aus; denn dieser ist am schwersten löslich. Er bildet Rhomboeder oder zigarrenförmige Nadeln. Bei der weiteren Eindampfung des Kesselinhaltes fällt zunächst die schon leichter lösliche kohlensaure Magnesia aus, sie legt sich auf die zuerst gebildete Schicht des kohlensauren Kalkes. Bei beiden Bicarbonaten wird durch die Erhitzung des Wassers Kohlensäure als Gas ausgetrieben, wodurch sich

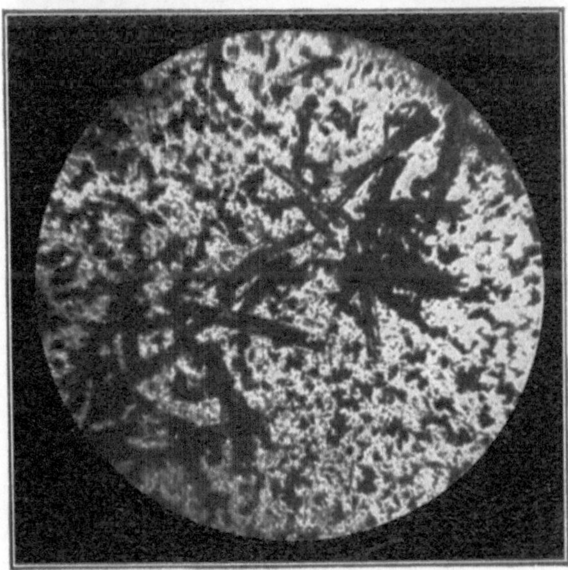
Fig. 3. + schwefelsaurem Kalk.

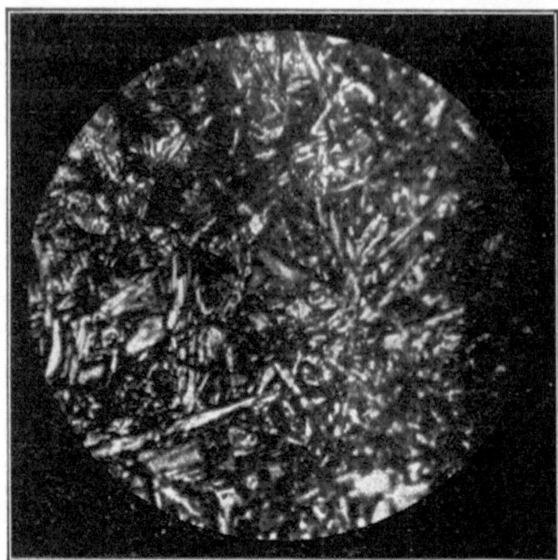

Fig. 4. Weitere Ablagerung von schwefelsaurem Kalk.

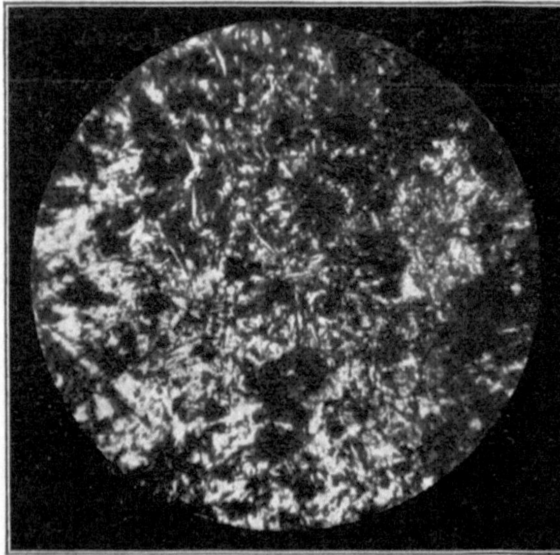

Fig. 5. + Eisen + kieselsaurem Kalk + Magnesia.
Fig. 2 bis 5. Entstehung von Kesselstein bei einem Verdampfungsprozeß mit Rohwasser in vier Phasen.

die entsprechenden Monocarbonate des Kalkes und der Magnesia bilden, die als fester Stein ausfallen. Diese Phase zeigt Fig. 2. Fig. 3 veranschaulicht den weiteren Fortgang der Kesselsteinbildung. Es fallen die Sulfate aus, welche sich auf die im zweiten Vorgange gebildete Steinschicht legen, und zwar in flachen langen und stumpf abgebrochenen Nadeln oder breiten plattenförmigen Gebilden. Auf Fig. 4 sind weitere Ablagerungen von schwefelsaurem Kalk wahrzunehmen, und Fig. 5 zeigt schließlich den fertigen Kesselstein. Gegenüber dem in Fig. 4 dargestellten Zustand hat sich Eisen, kieselsaurer Kalk und Magnesia auf den zuerst gebildeten Schichten weiterhin abgelagert.

Die Ausfällung des kieselsauren Kalkes erfolgt zusammen mit dem kohlensauren Kalk, wenn der letztere in größeren Mengen vorhanden ist, und zwar in diesem Falle gemeinsam vor dem schwefelsauren Kalk als amorpher Schlamm, welcher die Rohrwandungen des Kessels mit einer dünnen gallertartigen Schicht überzieht, und in dieser Form einen wärmeundurchlässigen und daher äußerst gefürchteten Kesselstein bildet. Ist dagegen kohlensaurer Kalk quantitativ nur wenig vorhanden, so scheidet sich reine Kieselsäure in rosetten- und erbsenförmigen Gebilden aus.

Fig. 6 zeigt Schlamm aus einem Hochdruckkessel.[1] Der Ansatz aus dem nicht mit ausreichenden Mengen Kondensat und Destillat gespeisten Kessel läßt erkennen, daß dieser sehr zähflüssige Schlamm aus ganz feinen Plättchen besteht. In Fig. 7 sind einige Teilchen in dem Augenblick festgehalten, als sich der Ansatz in den Rohren bildet; die Krystallformen sind deutlich erkennbar. Rechts ist ein durch die wirbelnde Umwälzbewegung in den Steilrohren abgeschliffenes Plättchen zu sehen. Fig. 8 zeigt das allerfeinste „Abgeschlemmte" dieses Kesselschlammes bei 1400facher Vergrößerung. Selbst hier ist immer wieder die Form der durch die Wirbelung abgeschliffenen

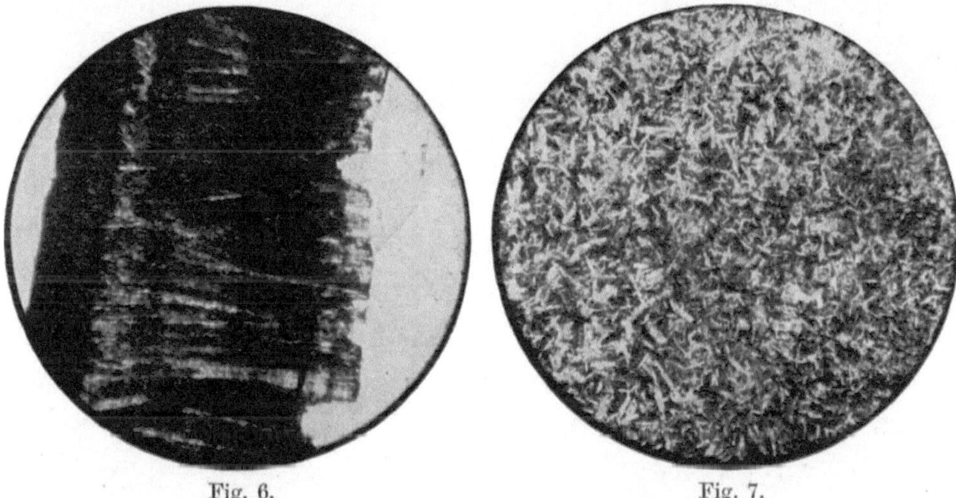

Fig. 6. Fig. 7.

Fig. 6 und 7. Mikroaufnahmen von Saugschlamm aus einem Hochdruckkessel.

Plättchen und Scheibchen erkennbar, welche in dieser starken Vergrößerung die Gefährlichkeit eines solchen Saugschlammes deutlich vor Augen führen.

Das Präparat zeigt besser wie jede Analyse, daß zur Speisung von Hochleistungskesseln nur ein härte- und gasfreies Wasser genommen werden sollte. Es darf aber keinesfalls schlecht oder gar nicht gereinigtes Wasser zugespeist werden. Der zähe, schwere Schlamm sinkt zwar bei einem Nachlassen der Wirbelung (etwa bei Betriebspausen) zu Boden, wird aber bei einsetzender Anstrengung der Feuerung plötzlich wieder aufgewirbelt, wodurch, ähnlich wie beim Auftreten des Siedeverzuges bei öl- oder stark salzhaltigem Wasser, eine plötzliche Dampfentwicklung erfolgt, welche genügend stark ist, um Rohre mit irgendeiner schwachen Fabrikationsstelle defekt zu machen.

Fig. 9 zeigt ein zunächst abgeschliffenes Schlammplättchen, welches in eine ruhigere Zone des Kessels geraten ist und hier eine neue Ankrystallisierung

[1] Arbeiten von *August Holle*, Düsseldorf. s. a. Kondensatwirtschaft dess. Verf. Seite 151 und folgende. Verlag R. Oldenbourg, München-Berlin 1927.

in Form von eisenhaltigen Kalkrhomboedern, in anderen Fällen von eisenhaltigen Kalknadeln erfahren hat.

Fig. 10 zeigt den Querschliff durch einen Kesselstein aus einem Hochdruckkessel. Es ist deutlich erkennbar, daß die Art der Wasservergütung

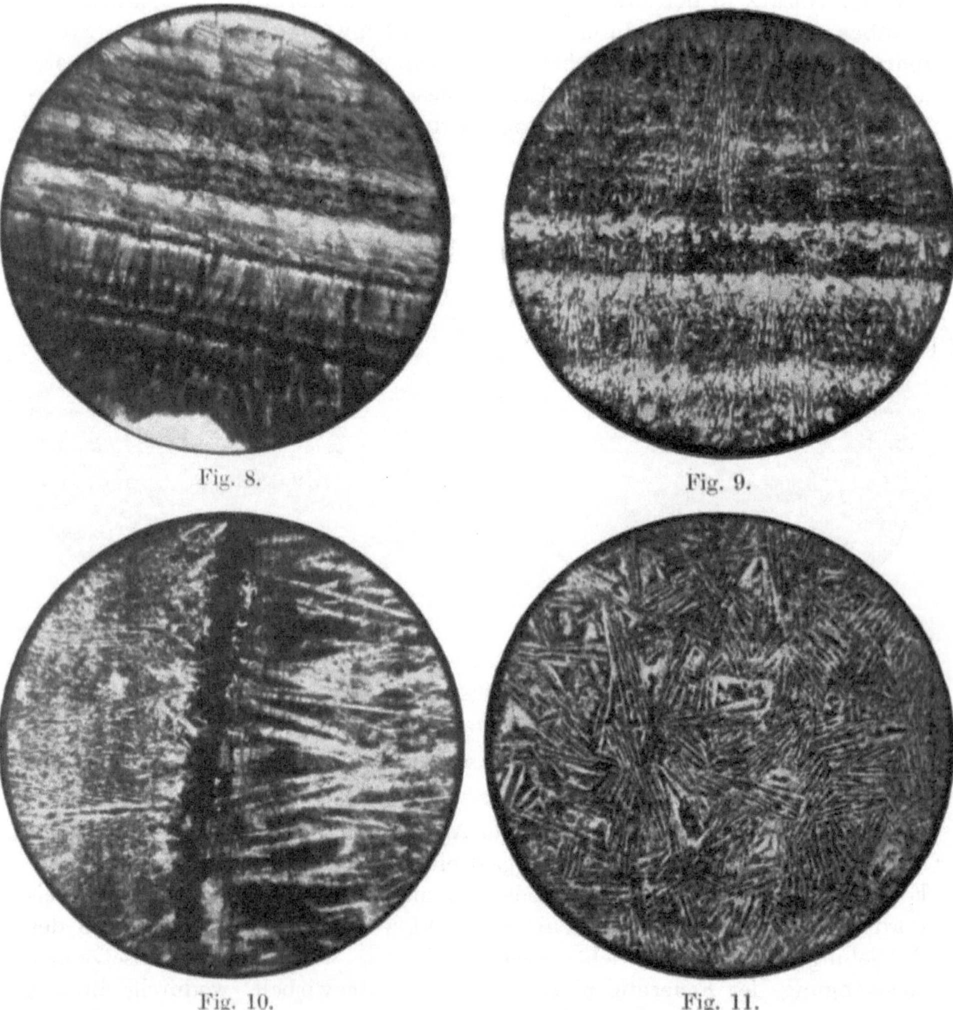

Fig. 8. Fig. 9. Fig. 10. Fig. 11.

Fig. 8 bis 11. Mikroaufnahmen von Saugschlamm aus einem Hochdruckkessel.

eine sehr unregelmäßige gewesen sein muß. Dieser Stein war die Ursache zu einer schweren Kesselzerstörung.

Fig. 11 bringt den Steinansatz aus Rohwasser in einem Vorwärmer. Das Rohwasser setzte bei der plötzlich eintretenden Erwärmung einen sehr harten, dünnen Stein ab, von dem ein Stück im Dünnschliff zu sehen ist. Der Aufbau dieses harten Ansatzes ist sehr gut erkennbar. Es handelt sich um grobe

Kalknadeln, denen man schon ansieht, daß die gebildeten Ansätze leicht zerbröckeln. Die Ausbildung des Absatzes hängt allerdings von dem mengenmäßigen Vorhandensein des kieselsauren Kalkes ab.

Die Klärung der Frage des Verhaltens der Kieselsäure im Dampfkessel ist außerordentlich wichtig, weil diese vielfach der Grund für die Bildung eines überaus wärmestauenden Kesselsteines sein kann. Bekanntlich enthält jedes Rohwasser einen mehr oder weniger hohen Gehalt an Kieselsäure, und ebenso bekannt ist es, daß kein Wasserenthärtungsverfahren die Kieselsäure beseitigen kann, selbst bei Destillatoren kann ein kleiner Gehalt an SiO_2 bei falscher Konstruktion oder unsachgemäßer Wartung mit in das Destillat übergehen. Die Kieselsäure hat eine große Affinität zu Calcium und Magnesium, sind diese im gereinigten Wasser vorhanden (Resthärte), so kann sich $CaSiO_2$ bzw. $MgSiO_2$ als wärmestauender Kesselstein oder Schlamm, besonders an den Stellen stärkster Verdampfungsleistung im Kessel, ablagern. Bei vollkommen auf 0° enthärtetem Wasser aber verbindet sich die Kieselsäure mit Natrium zu Na_2SiO_3, welches äußerst löslich ist und mit der Kessellauge abgeführt wird. In diesem Falle ist also die Kieselsäure vollkommen ungefährlich.

Sehr wenig angenehm ist es nun, daß die Wässer ihre Beschaffenheit in kurzer Zeit gänzlich ändern können. Hierdurch können auf Grund von Wasseranalysen aufgestellte und anfänglich auch zweckentsprechend ausgebildete Wasseraufbereitungsanlagen entweder ihre Leistung nicht mehr erfüllen oder sogar ganz unbrauchbar werden. Betriebe, welche mit derartig ihre Zusammensetzung wechselnden Wässern arbeiten, müssen diese dauernd analytisch überwachen, damit Störungen oder Schäden im Kesselbetrieb vermieden werden. Fig. 12 und 13 zeigen Mikroaufnahmen eines Wassers aus einer Braunkohlengrube von 20° deutscher Härte, welches in zwei aufeinanderfolgenden Jahren mikrophotographisch untersucht wurde. Fig. 12 zeigt die Nadeln des kohlensauren Kalkes in 60facher Vergrößerung. Das Calciumcarbonat ($CaCO_3$) hat sich als lange, spitze Nadel ausgeschieden, die sich bündelweise zusammenballen. Zur Ausscheidung des Calciumsulfates ($CaSO_4$) ist es noch nicht gekommen; daher erhält man ein lockeres, wenig hartes Gefüge. Fig. 13 zeigt den Stein des gleichen Wassers ein Jahr später. Die Wasserveränderung ist auffällig am Aufbau der kohlensauren Härtebildner erkenntlich. Die Härte stieg von 29 auf 36 deutsche Härtegrade. Der kohlensaure Kalk ist hier nicht mehr in spitzen Nadeln, sondern als gleichförmig geformte Rhomboeder ausgefallen, die sich backsteinartig aufbauen und mit dem später ausfallenden Magnesiumcarbonat ($MgCO_3$) und dem Calciumsulfat ($CaSO_4$) zusammenbacken. Dieser Stein bildet im Gegensatz zu demjenigen im Vorjahre ein sehr dichtes und wärmeundurchlässiges Gefüge.

Wie schwer solche Versteinungen auftreten können, zeigen Fig. 14 und 15, und zwar bringt Fig. 14 die photografische Wiedergabe einer Steinablagerung in einem Wasserrohrkessel und Fig. 15 eine solche in einem Kesselwasserrückführungsrohr.

Die zweite Ursache für die Unbrauchbarkeit des Rohwassers zur Kesselspeisung liegt in seinem Gehalt an Gasen (Luft, Sauerstoff, Kohlensäure), welche schwere Korrosionen und dadurch ebenfalls Betriebsstörungen hervorrufen.

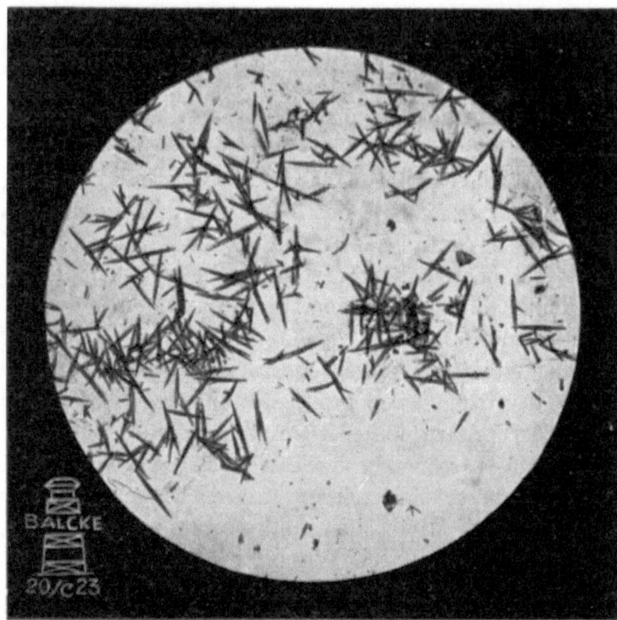

Fig. 12.

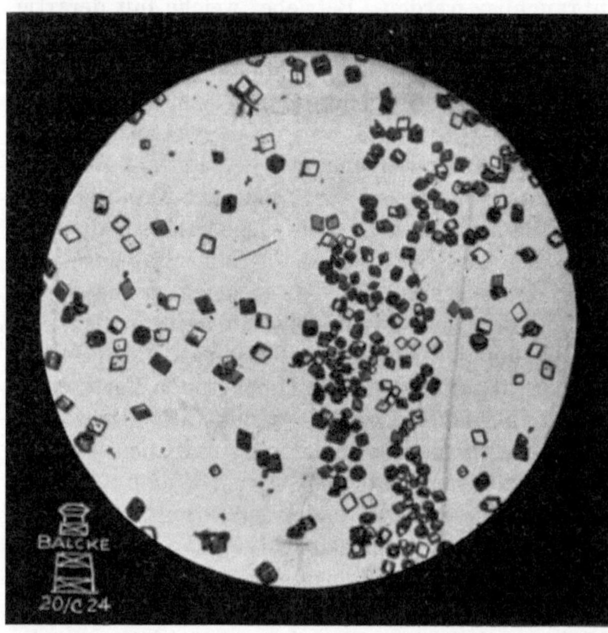

Fig. 13.

Fig. 12 und 13. Mikroaufnahmen im Abstand von einem Jahre eines stark veränderlichen Rohwassers.

Die Aufnahme von atmosphärischen Gasen, vor allem von Luftsauerstoff und Kohlensäure, hängt von dem Salzgehalt und von der Gasfreiheit des betreffenden Wassers ab; denn das Wasser neigt um so mehr zur Gasaufnahme, je geringer der Salzgehalt und je gasfreier das Wasser an sich ist. Würde gashaltiges Wasser in die Kessel gespeist werden, so würden die Gase schwere Rostungen erzeugen, die das Kesselmaterial zerfressen.

Man unterscheidet allgemein zwei Zerstörungsarten des Kesselmaterials, die Korrosion und die Erosion. Unter Korrosion versteht man — soweit sie im Rahmen dieses Buches behandelt werden — Zerfallserscheinungen der Metalle, bei denen Feuchtigkeit zugegen ist und diese eine einflußreiche Rolle spielt; Zerfallserscheinungen also, die bei Abwesenheit von Feuchtigkeit nicht eintreten würden. Die Korrosion ist eine Oberflächenerscheinung, die hauptsächlich auf eine Auflösung der Metalle durch Berührung mit einem Elektrolyten zurückzuführen ist, und welche bei Legierungen eine Auflösung eines oder mehrerer ihrer Bestandteile verursacht.

Mit Erosion sollen diejenigen Zerstörungen gekennzeichnet werden, welche unter Mitwirkung eines mechanischen Herauswaschens (ähnlich der Wirkung eines Sandstrahlgebläses) hervorgerufen werden.

Es sind zwei Korrosionstheorien aufgestellt worden: die Säuretheorie und die elektrolytische Theorie. Beide werden aber heute in der sog. elektrochemischen Theorie zusammengefaßt. Die beiden Ausgangstheorien haben nämlich bei richtiger Auslegung und Anwendung innere Zusammenhänge: sie benötigen z. B. beide zur Erklärung des Korrosionsursprunges bei Eisen die Gegenwart von Wasserstoffionen, ferner verläuft nach der ersten Auslösung des Vorganges nach beiden Theorien der Korrosionsprozeß elektrochemisch weiter. Sie unterscheiden sich lediglich dadurch, daß sie den Ursprung der Wasserstoffionen verschieden deuten.

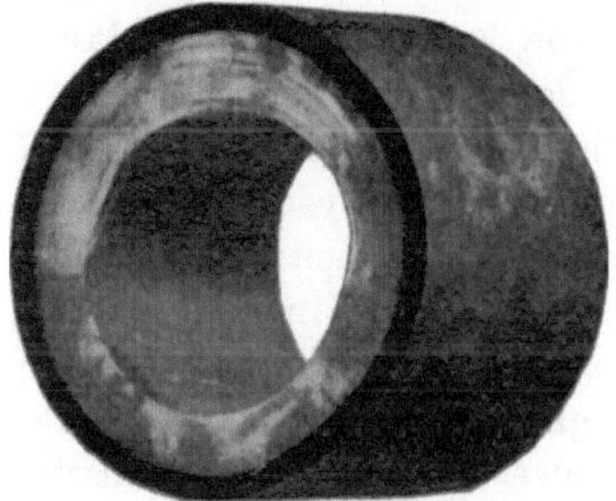

Fig. 14. Kesselsteinablagerungen in einem Wasserrohrkessel.

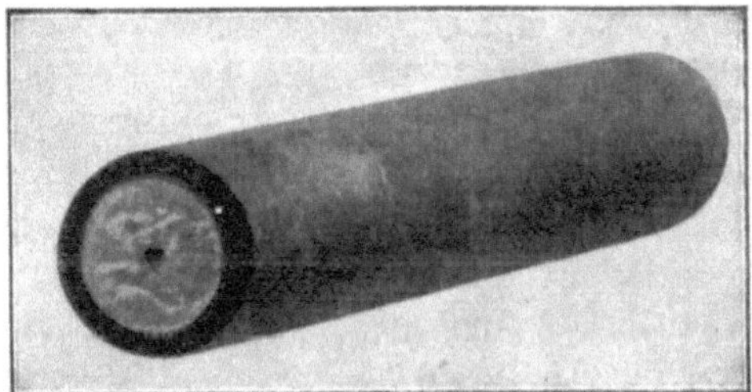

Fig. 15. Kesselsteinablagerungen in einem Kesselwasserrückführungsrohr.

Die Säuretheorie geht davon aus, daß reines Wasser und reiner Sauerstoff nur dann die Korrosion von reinem Eisen bewirken können, wenn als dritter Faktor die Gegenwart einer Säure hinzukommt, mag die Säure nun schwach dissoziiert sein wie Kohlensäure, oder auch nur im gebundenen Zustande vorhanden sein, so daß erst infolge von Hydrolyse ihr saurer Charakter offenbar wird.

Die zu diesem Vorgange notwendige Säuremenge ist unendlich klein, da nach der Säuretheorie ein Säuremolekül genügt, um eine beliebige Metallmenge zu korrodieren. Zur Beweisführung wird die sowohl in der Luft wie im Wasser vorhandene Kohlensäure herangezogen, und man kann deshalb auch füglich sagen, daß der zur Einleitung des Korrosionsprozesses notwendige dritte Faktor die Gegenwart von Wasserstoffionen ist. Die elektrolytische Theorie setzt die Gegenwart von Säure zur Einleitung des Korrosionsvorganges nicht voraus, sondern stützt sich darauf, daß der Lösungsdruck von reinem Eisen in reinem Wasser zur Bildung von Ferroionen führt, die ihrerseits die äußerst geringen Mengen von vorhandenen Wasserstoffionen entladen. Der Wasserstoff ist zwar ein Gas, und doch kann es zu den Metallen gerechnet werden, da es elektropositiv reagiert und fähig ist, die Ladung seiner Ionen gegen die eines stärker elektropositiven Metalls — wie das Eisen — auszutauschen.

Beide Theorien benötigen, wie schon weiter oben erwähnt, für den weiteren Verlauf des Angriffs die Gegenwart von Sauerstoff. Die Säuretheorie sieht die Korrosion als einen Kreisprozeß an, bei welchem eine unendlich geringe Säuremenge eine unendlich große Metallmenge korrodieren kann, und erklärt den Reaktionsverlauf dahingehend, daß der Säureangriff auf das Eisen zuerst die Bildung eines Ferrosalzes (Ferrocarbonat) veranlaßt. Dieses Ferrocarbonat wird in der zweiten Phase des Prozesses durch anwesenden Sauerstoff zu Ferrihydroxyd oxydiert und fällt aus. Dieser Fällungsvorgang ist von einer gleichzeitigen Rückbildung der ursprünglichen Menge Kohlensäure und von einer Oxydation des Wasserstoffes zu Wasser begleitet. Damit ist aber der Kreislauf geschlossen, und die Korrosion wird so lange fortschreiten, wie noch genügend Sauerstoff für den Vorgang vorhanden ist. Bei der Säuretheorie wird also in der ersten Phase gasförmiger Wasserstoff gebildet. Diese Wasserstoffbildung entspricht bei der elektrolytischen Theorie dem Freiwerden von Wasserstoff durch Entladung der Ionen[1].

Wie einleitend dargelegt, werden heute beide Theorien in der elektrochemischen Theorie zusammengefaßt. Diese ist auf alle Korrosionsarten aller Metalle und aller Legierungen anwendbar, gleich, welche Art von Elektrolyt vorhanden ist, ob also Frischwasser, Seewasser, technische Flüssigkeiten oder Abwässer herangezogen werden. Nur sehr wenige Erscheinungen lassen sich durch sie nicht erklären, aber alle Schutz- und Bekämpfungsmaßnahmen, die auf dieser Theorie aufgebaut sind, werden im allgemeinen erfolgreich sein, und es wird sich stets zeigen, daß dort, wo sie zu versagen scheinen, der Grund letzten Endes in einer für den jeweiligen Einzelfall zu engen Auslegung der Theorie liegt. Jedenfalls gibt es zur Zeit keine Arbeitstheorie, die gesicherter ist und sich den wirklichen Verhältnissen besser anpaßt wie diese.

Bei den Korrosionen durch Wasser zeigen sich nun zwei auffällige Erscheinungen, welche zu einer Erweiterung der elektrochemischen Theorie geführt haben. In fließendem Wasser ist die Korrosionsgeschwindigkeit in recht eigenartiger Weise von der Wassergeschwindigkeit abhängig. Zunächst wächst die Korrosionsgeschwindigkeit schnell mit der Wassergeschwindigkeit bis zu einem gewissen Höchstwert. Steigt die Wassergeschwindigkeit über diese optimale Grenze hinaus, so nimmt die Korrosion stark ab, und sie hört schließlich fast ganz auf. Bei Säurelösungen dagegen zeigen sich ganz andere Ergebnisse. Man fand, daß die Korrosionsgeschwindigkeit im gleichen Verhältnis mit der Geschwindigkeit der vorbeistreichenden Flüssigkeit zunimmt, ohne daß eine optimale Grenze erkennbar wurde. Während also bei Wasser die Korrosion bei höherer Geschwindigkeit abnimmt, zeigt sich bei verdünnten Säuren eine Zunahme der Korrosion, und zwar unabhängig von der Säurekonzentration in der Lösung. Diese auffälligen Erscheinungen lassen

[1] S. a. *Pollitt* „Die Ursachen und die Bekämpfung der Korrosion." Verlag von Fr. Vieweg & Sohn. A.-G. Braunschweig 1926. —

sich nun durch die eingangs geschilderte elektrochemische Theorie nicht ohne weiteres erklären, sondern erst unter Zuhilfenahme der Forschungen der Kolloidchemie. Die Bezeichnung Kolloid stammt aus dem Griechischen und bedeutet „Leim". Die kolloidal gelösten Stoffe können nicht durch tierische oder pflanzliche Membranen hindurchwandern, und diese Eigenschaft wird zur Trennung (Dialyse) der sog. kolloiden von den krystalloiden Stoffen benutzt. Die ersteren werden von solchen Membranen zurückgehalten, während die letzteren durch diese hindurchwandern.

Mit dem Wort Kolloid bezeichnet man heute einen physikalischen Zustand, in den man sehr viele Stoffe bringen kann. So kann man z. B. mehr oder weniger leicht kolloidale Lösungen von Eisenhydroxyden, Metallen und Metallsalzen herstellen. Eine kolloidale Lösung ist als eine Suspension kleinster Teilchen in einer Flüssigkeit aufzufassen, welche diese Teilchen vermöge ihrer Zähigkeit in der Schwebe hält. Dabei ist die Größe der einzelnen Teilchen verschieden und wechselt zwischen der Größe fein mechanisch zerkleinerter Stoffe und der der Moleküle.

Eine kolloidale Lösung unterscheidet sich von einer echten oder krystalloiden Lösung in mehrfacher Hinsicht: Der Lösungsdruck in einer kolloidalen Lösung ist z. B. sehr gering und entspricht nicht der Menge der kolloidal gelösten Substanz. Ebenso ist es mit den Gefrierpunktserniedrigungen und den Siedepunktserhöhungen kolloidal gelöster Stoffe. Für unsere Zwecke ist vor allen Dingen die Eigenschaft der Kolloide wichtig, daß sich bei ihnen eine Zusammenballung oder eine Ausfällung aus ihrer Lösung im elektrischen Felde oder durch Einwirkung eines zugesetzten Reagens erreichen läßt. Wird mit Hilfe zweier Elektroden ein elektrischer Strom durch eine kolloidale Lösung geschickt, so setzt eine Wanderung der kleinsten Teilchen ein, und zwar in nur e i n e r Bewegungsrichtung: Entweder gehen alle Teilchen zur Kathode oder zur Anode. Hieraus kann geschlossen werden, daß sich die kleinsten Teilchen mit einer gewissen kleinen Elektrizitätsmenge beladen, und zwar wandern diejenigen Kolloide mit negativer Ladung zur Anode und die positiv beladenen zur Kathode. Zu dieser letzten Gruppe gehört das Ferrihydroxyd. Durch Zusatz von dissoziierenden Verbindungen, wie Säuren und Salze, können die Kolloide aus ihrer Lösung gefällt werden. Schon bei Zusatz einer ganz geringen Menge eines Elektrolyten kann die Ausfällung erfolgen, und zwar scheint sie durch die Neutralisation der Kolloidladungen durch die entgegengesetzt geladenen Ionen hervorgerufen zu werden. Ein elektropositives Kolloid wird demnach durch das negative Ion eines Salzes gefällt. Diese Auffassung erhält dadurch eine Stütze, daß sich entgegengesetzt geladene Kolloide gegenseitig ausfällen.

Mit Hilfe dieser aus der Kolloidchemie herübergenommenen Forschungsergebnisse hat nun *Friend* die oben gekennzeichneten Unregelmäßigkeiten in der Korrosionsgeschwindigkeit bei Wasser- und Säurelösungen wie folgt zu erklären versucht:

Das Eisen wird bei der Berührung mit Wasser (auch mit chemisch-reinem, beispielweise destilliertem Wasser) zuerst zu Ferrohydroxyd oxydiert, welches in kolloidale Lösung geht. Dieses Ferrohydroxyd wird durch die überschüssige, im Wasser gelöste Luft in Ferrihydroxyd oxydiert, das ebenfalls in kolloidaler Lösung verbleibt. Das gebildete kolloidale Ferrihydroxyd wirkt als Katalysator und beschleunigt die Oxydation von weiterem Eisen, indem es zwar zu kolloidalem Ferrihydroxyd reduziert wird, welches sich aber augenblicklich in Ferrihydroxyd umwandelt. Das Korrosionsprodukt, „der Rost", fällt aus der Lösung aus. Damit aber wird das unterschiedliche Verhalten des Eisens in neutralen und sauren Medien dahingehend aufgeklärt, daß in neutralen Medien das katalytisch wirkende Kolloid durch das schnelle Vorbeiströmen von der Eisenoberfläche weggerissen und somit die Korrosion verhindert wird, während sich in sauren Medien die Zahl der Wasserstoffionen bei schneller Bewegung vermehrt und infolgedessen mit der Erhöhung der Wassergeschwindigkeit in der Zeiteinheit mehr Wasserstoffionen an die Eisenoberfläche herangebracht werden. Nach dieser Theorie wird jedes chemische, physikalische oder mechanische Agens, das die elektropositiv geladenen Kolloidteilchen entfernt oder zerstört, darauf hinwirken, daß der Korrosion Einhalt geboten wird, während andererseits durch Erhaltung des gebildeten Kolloids die Korrosion beschleunigt wird. Diese Erkenntnis entspricht den tatsächlichen Verhältnissen.

Unter Anerkennung der elektrochemischen Korrosionstheorie können alle in der Praxis auftretenden Fälle von Korrosionen in drei Klassen eingeteilt werden, nämlich in die Selbst- und Berührungskorrosionen und in die Korrosion durch Fremderregung. Sehr häufig treten die Selbst- und die Berührungskorrosionen auf. Eine Selbstkorrosion tritt ein, wenn ein Metall mit einem Elektrolyten in Verbindung steht, ohne daß es gleichzeitig mit einem anderen metallischen oder nichtmetallischen Leiter verbunden ist. In der Praxis schreiten diese Selbstkorrosionen infolge galvanischer Vorgänge vorwärts, welche durch die Gefügeverschiedenheiten des Metalles oder der Legierung hervorgerufen werden. Als Berührungskorrosionen bezeichnet man die Gruppe von elektrolytischen Zerstörungen des Metalls, welche dadurch hervorgerufen werden, daß das angegriffene Metall in leitender Verbindung mit einem anderen steht, welches in denselben Elektrolyten wie das erste Metall eintaucht. Durch solche Berührung kann die Korrosion verstärkt oder abgeschwächt werden, je nachdem, wie sich das zweite Metall von dem ersten durch sein elektrochemisches Potential unterscheidet. Ist z. B. das zweite Metall unedler, so schützt es das erstere, indem es selbst in Lösung geht und umgekehrt. Unter an sich gleichen Verhältnissen schreitet die Berührungskorrosion an sich schneller vorwärts als die Selbstkorrosion. Ist der zweite Leiter ein Nichtmetall, so wirkt er in der Regel korrosionsfördernd, weil er positiver ist als das Metall.

Korrosionen durch Fremderregung sind auf die Ausbildung von Potentialen im elektrischen Felde eines in der Nähe vorbeiführenden Stromes zurückzuführen.

Die Einwirkung von reinem Wasser auf reines Eisen wurde einleitend besprochen. Die Einwirkung ist praktisch verschwindend klein, weil bei

Abwesenheit von Sauerstoff die Flüssigkeit schnell mit Ferroionen gesättigt sein wird. Damit ist der Vorgang beendet, sofern keine Gleichgewichtsstörung eintritt.

Bei schwach sauren Lösungen geht das Metall als Ferrosalz in Lösung, und wenn kein Sauerstoff hinzukommt, so wird auch hier sehr bald die Säure neutralisiert sein. Kommt neuer Sauerstoff hinzu, so bildet sich weiter Ferrihydroxyd oder Rost, es wird wieder Säure frei, und der Angriff geht weiter. Bei dem Zusammenwirken von Luft und Wasser muß betont werden, daß der Korrosionsangriff nur dann eingeleitet wird bzw. sich fortsetzen kann, wenn das Metall wirklich durch das Wasser benetzt wird. Man kann z. B. Eisen sehr lange in trockener Luft aufbewahren, ohne daß es angegriffen wird und diese Feststellung kann auch auf die Wirkung von Dampf auf Eisen übertragen werden; denn die Wirkung von überhitztem Dampf auf Eisen ist ganz ähnlich der wie bei trockener Luft bei gleichen Temperaturen. Es bildet sich infolge Zersetzung des Dampfes unter Bildung von freiem Sauerstoff eine dünne Schicht von magnetischem Oxyd. Dies ist aber kein Korrosionsvorgang im Sinne der hier gebrachten Darlegungen. Kommt das Metall aber mit nassem Dampf in Berührung, so tritt sofort die Korrosion ein. Z. B. läßt sich bei Überhitzern oft die Feststellung machen, daß die Einströmungs- oder nasse Seite korrodiert, und zwar läßt sich die Korrosion ziemlich genau an den Rohren bis zu dem Punkte verfolgen, von welchem ab der Dampf trocken wird.

Auch die Strömungsgeschwindigkeit des Wassers über die metallische Oberfläche ist von Einfluß auf die Korrosionsgeschwindigkeit, und zwar tritt diese Erscheinung in tiefem oder abgeschlossenem Wasser deutlicher in Erscheinung als in flachem, da hier der Luftsauerstoff nicht so leicht hinzudringen kann. Es ist schon ein ziemlich kräftiger Wasserstrom notwendig, um die nicht an der Metalloberfläche lagernden Wasserschichten fortzuleiten, besonders wenn die Oberfläche schon mit einem rauhen Rostüberzug bedeckt ist, der die Wasserteilchen festhält. Diese Beobachtung läßt sich auch im Innern von Wasserrohren feststellen, da hier der Zutritt von Luftsauerstoff von außen her nicht möglich ist und somit die Korrosion allein von dem gelösten und mit dem Strome an der Metalloberfläche vorbeigeführten Sauerstoff bewirkt wird. Diese Erscheinungen gelten ferner auch für Wassertanks, durch die Wasser nur ganz langsam oder nur zeitweise fließt. Der Sauerstoff der Atmosphäre hat auch hier keinen Zutritt. Der im Wasser gelöste und ferner die geringe Menge des im darüber befindlichen Luftraume vorhandenen Sauerstoffes ist für den Korrosionsvorgang schnell verbraucht. Dieser kann lediglich bei fließendem Wasser oder bei Öffnung des oberhalb der Wasserfläche befindlichen Luftraumes wieder ergänzt werden.

Temperaturänderungen haben auf die Stärke des Korrosionsvorganges einen doppelten Einfluß. Der Korrosionsvorgang wird durch eine Temperatursteigerung zunächst beschleunigt, zugleich aber verringert sich mit steigender Temperatur die Löslichkeit des Sauerstoffes in Wasser, wodurch eine Verminderung der Korrosion erfolgt. Wird die Temperatursteigerung so weit getrieben, daß das Wasser zu sieden anfängt, so ist die Sauerstofflöslichkeit gleich Null, d. h. der Sauerstoff wird ausgetrieben. Es kann dann keine Korrosion mehr eintreten (hierauf beruht ein großer Teil der Entgasungsverfahren).

Hinzu kommt, daß durch Temperatursteigerungen Erscheinungen ausgelöst werden, die normalerweise unwesentlich sind. Z. B. werden alle galvanischen Vorgänge durch die Temperaturerhöhung sehr beschleunigt, zuweilen sogar erst erzeugt, weil sich zwischen den heißeren und kälteren Stellen Spannungsunterschiede ausbilden können. Die Bildung von Säuren kann durch die Steigerung der Temperatur gefördert werden und damit auch ihr Angriff auf das Material. Die Chloride und Nitrate der Erdalkalien sind in dieser Hinsicht recht gefährlich. Die Nitrate liefern als Oxydationsmittel den nötigen Sauerstoff, während die Chloride katalytisch wirken und somit Sauerstoff aus dem Wasser selbst erzeugen. Auch erhöht sich mit der Temperatursteigerung die Leitfähigkeit der festen und flüssigen Leiter, ein Umstand, der sehr berücksichtigt werden muß.

Die physikalischen Eigenschaften des Rostes sind für den Korrosionsfortgang von wesentlichem Einfluß. Diese hängen sehr wesentlich von den Bedingungen ab, unter denen der Angriff auf das Metall erfolgt. Manchmal ist der Rost trocken und fest haftend, zuweilen aber auch locker, feucht und leicht abzureiben. Die erste Art wirkt schützend, die zweite Art fördernd auf die Korrosion. Die Rostschicht neigt andererseits mit wachsender Dichte dazu, abzublättern oder abzuspringen. Durch dieses Abblättern wird aber immer wieder neues Material dem unmittelbaren Korrosionsangriff ausgesetzt. Hieraus ergibt sich, daß derartige Rostschichten ebenfalls korrosionsfördernd wirken. Auf diese Weise kann der ursprünglich allgemeine und gleichförmige Angriff seine Charakteristik dahingehend gänzlich ändern, daß sich neben dem allgemeinen flächenhaften Angriff schwere löcherige Anfressungen an einzelnen Stellen zeigen, welche schließlich zur Durchfressung des Materials führen.

Zuletzt sei noch der Einfluß des Materials und der Einfluß der Konstruktion auf die Korrosionswirkung besprochen. Eine grundlegende Vorsorge, welche man gegen die Zerstörung der Metalle treffen kann, besteht in einer sorgfältigen Überwachung ihrer Herstellung. Hier wird sehr gesündigt, denn durch die Sucht, möglichst viel Tonnen zu fabrizieren, wurde zur Schnellfabrikation übergegangen. Die Metalle werden dadurch porös, ungleichmäßig, sie nehmen Gase und andere Verunreinigungen auf, und hierdurch entstehen Spannungen und Saigerungen verschiedenster Art, wodurch die Werkstoffe erheblich in ihrer Korrosionsbeständigkeit leiden. Man könnte nicht nur durch sorgfältige Überwachung des Herstellungsvorganges, sondern auch durch eine nachfolgende Bearbeitung und durch Ausglühen des Materials die erstellte Handelsware wesentlich verbessern, jedoch verbietet der bei dem heutigen Konkurrenzkampf erzielbare Verkaufspreis für die Tonne Material zumeist die Anwendung dieser Mittel. Ferner ist auf die Konstruktionsformen sehr großer Wert zu legen. Die Vorsorge besteht darin, die

Gelegenheit zur Korrosionsentwicklung durch geeignete Formgebung auf das Mindestmaß herabzudrücken und die Möglichkeit zum nachträglichen Aufbringen von Schutzüberzügen zu schaffen. Winkel und Hohlräume, in denen sich Feuchtigkeit sammeln kann, müssen unter allen Umständen vermieden werden, auch wenn hierdurch die Konstruktion schwierig werden sollte, denn es besteht die große Gefahr, daß solche Korrosionsnester an Stellen liegen, wo die ganze Konstruktion sehr geschwächt und vollkommen gefährdet werden kann. Beim Entwurf muß darauf Bedacht genommen werden, daß man zum Nachsehen, zum Reinigen und zum Anstreichen an jede Stelle der Konstruktion gut herankommen kann, und es muß tunlichst vermieden werden, daß sich zwei verschiedenartige Metalle, ja sogar verschiedene Arten ein und desselben Metalles leitend berühren. Es fällt hierbei ins Gewicht, daß die meisten Metalle und Legierungen, die mit Eisen zusammen verarbeitet werden, edler als dieses sind und damit nach den vorstehenden Darlegungen korrosionsfördernd wirken. Man kann sogar mit Fug und Recht behaupten, daß es kaum zwei Eisenarten gibt, die ein gleiches elektrochemisches Potential haben[1].

Anschließend an die vorstehenden Darlegungen allgemeiner Art über die Korrosion soll im folgenden das Krankheitsbild entworfen werden, welches an den einzelnen Konstruktionsteilen von Dampfkraftanlagen auftreten kann, wenn das verwendete Speisewasser gashaltig ist. Beim Eintritt des Speisewassers in die Dampfkesselanlage werden die im Wasser gelösten Gase wie auch die bei dem Zerfall der Bicarbonate frei werdende Kohlensäure und zuletzt die flüchtigen organischen Bestandteile frei und gehen in den Dampf über, sie sind in der Hauptsache die Korrosionserreger in den Dampfräumen und Überhitzern. Zumeist ist das in die Dampfkessel gespeiste Wasser vorvergütet, d. h., die kesselsteinbildenden Bestandteile sind durch ein geeignetes chemisches oder thermisches Verfahren entfernt worden. Es bleiben aber trotzdem besonders in chemischen gereinigten Wässern genug lösliche Salze zurück, die entweder von vornherein darin vorhanden sind oder erst durch Zwischenreaktion im Kessel gebildet werden. Durch die Eindampfung wird die Lösung dieser Salze immer konzentrierter. Es handelt sich hierbei um Natriumsalze, Calciumnitrate, Calciumchloride, Magnesiumnitrate, Chloride und Sulfate. Von diesen Salzen sind die Natriumsalze außerordentlich löslich; abgesehen von diesen sind die aufgeführten Salze bei zunehmender Konzentration in hohem Maße an dem Zustandekommen der Gaszerstörungen an den Kesselblechen, Rohren und Armaturen beteiligt.

Beim Sieden des Wassers im Dampfkessel werden die atmosphärischen Gase (Sauerstoff und Kohlensäure), schnell ausgetrieben und mit dem Dampf abgeführt. Die Folge hiervon ist, daß diese in den Dampfräumen der Kessel, Überhitzer, Turbinen und Vorwärmer, sowie im Leitungsnetz schwere Zerstörungen hervorrufen können.

Die Rostungen von Sauerstoff zeigen pockennarbigen Charakter. Es bildet sich zunächst eine Blase, die beim weiteren Fortgang des Angriffes

[1] S. a. *Pollitt*, „Die Ursachen und die Bekämpfung der Korrosion". Verlag von Friedrich Vieweg & Sohn A.-G. Braunschweig 1926.

platzt, wobei eine rotbraune Flüssigkeit austritt. An der Basis der Blase geht die Zerstörung weiter, wodurch kraterartige örtliche Vertiefungen entstehen (s. Fig. 16 rechts).

Der Angriff der Kohlensäure macht das Eisen, wie die linke Aufnahme der Figur 16 zeigt, porös. Die auf dem Bild sichtbaren weißen Erhebungen sind Abscheidungen von kohlensaurem Kalk. Die beiden Mikroaufnahmen

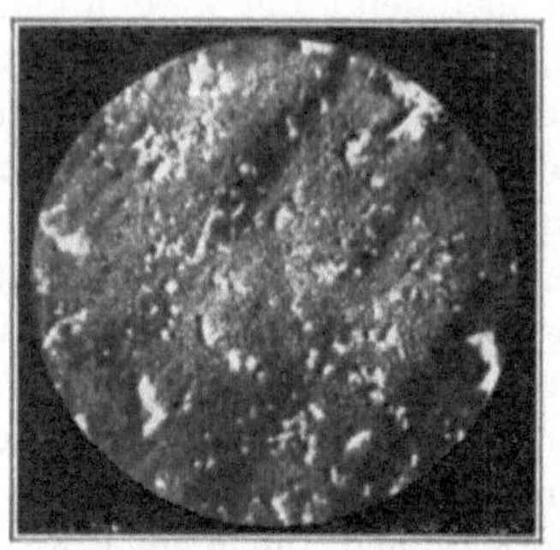

Fig. 16.

Kohlensaure-Korrosion. Sauerstoff-Korrosion.

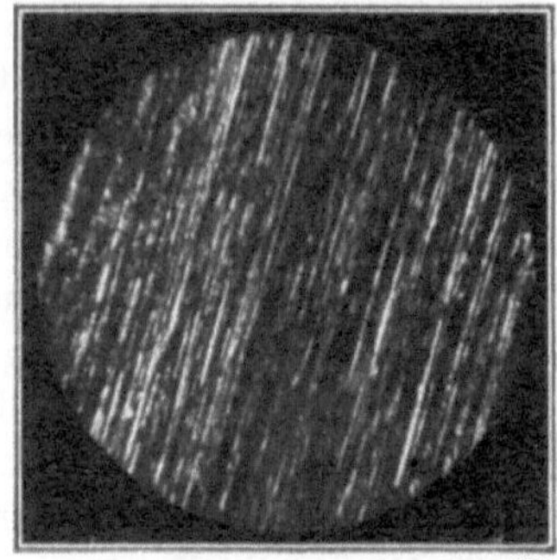

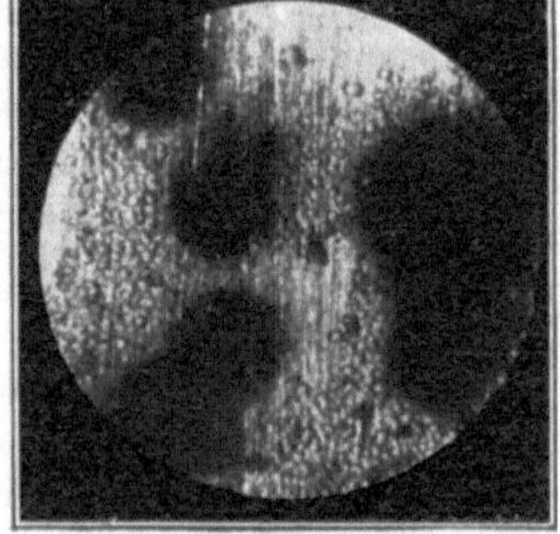

Fig. 17.

Geschliffene Platte. Korrodierte Platte.

Korrosionsversuche mit sauerstoffhaltigem Speisewasser.

der Fig. 17 stellen das Ergebnis eines Korrosionsversuches mit stark sauerstoffhaltigem Wasser dar. Das dem Versuch unterzogene Wasser bestand zu 30 Proz. aus Turbinenkondensat, zu 50 Proz. aus Saalewasser und zu 20 Proz. aus elektrisch entöltem Kondensat. Der Sauerstoffgehalt betrug 7 ccm im Liter, die Mischhärte des Wassers war 11° deutsch. Die linke Aufnahme zeigt die geschliffene Platte vor dem Versuch, die rechte dieselbe Platte nach dem Versuch. Man erkennt deutlich die schweren dunklen Anfressungen des Sauerstoffes. Die auf der unbeschädigten Versuchsplatte sichtbaren Politurrillen sind völlig fortgefressen worden. Die schuppenförmigen Gebilde sind abermals Abscheidungen von kohlensaurem Kalk.

Unter den im Kesselwasser löslichen Salzen ist wohl das Magnesiumchlorid das gefährlichste. Zwar ist sein Gehalt in den natürlichen Wasserarten zumeist sehr gering, es kann sich aber im Kessel in erheblichen Mengen bilden. In Berührung mit den Eisenteilen spaltet sich das Magnesiumchlorid unter Bildung von Salzsäure und Magnesiumhydroxyd. Diese sich bildende Salzsäure greift bei ihrer Berührung das Eisen an, und es entsteht Ferrochlorid. Auf dieses wirkt wiederum das sich anfänglich abgespaltene Magnesiumhydroxyd ein, so daß die ursprüngliche Menge Magnesiumchlorid wieder gebildet wird. Es handelt sich also bei dieser Korrosoinsart um einen geschlossenen Kreislauf, bei welchem die Menge des Magnesiumchlorids bei seiner zerstörenden Wirkung auf das Eisen nicht vermindert wird. In je größeren Mengen es auftritt, desto stärker wird die Korrosionswirkung, und es kann der Fall eintreten, daß bei der Aufspaltung so viel Salzsäure entsteht, daß ein Teil davon vom Dampf mitgerissen wird und in den dampfführenden Teilen verheerende Zerstörungen anrichtet. Die Korrosion des Magnesiumchlorids ist sehr leicht an dem schiefrigen Aussehen des Korrosionsproduktes zu erkennen. Das Eisen löst sich in einzelnen Schichten ab, welche von Hand zerbrochen werden können. Die Chloridzerstörungen treten in den Dampfräumen besonders an Stellen auf, wo keine Kühlung der Wandung gegenüber den außen hinstreichenden Feuergasen erfolgt. Dies ist besonders der Fall an Stellen des Richtungswechsels und in toten durch die Konstruktion bedingten Räumen. Grundsätzlich gilt dies auch für die Zerstörungen durch Sauerstoff und Kohlensäure.

Magnesiumchlorid kann sich durch gewisse Zwischenreaktionen im Kessel bilden. Natürliches Wasser enthält beständig Natriumchlorid. Ist nun neben diesem auch Magnesiumsulfat im Kesselspeisewasser vorhanden, so enthält es auch stets eine entsprechend geringe Menge Magnesiumchlorid, und ist aus diesem Grunde als sehr gefährlich anzusprechen. Auch das Magnesiumsulfat wirkt angreifend. Enthält andererseits das Speisewasser gleichzeitig Calciumsulfat und Natriumchlorid, so ist die Bildung von Calciumchlorid weniger zu befürchten, weil das Calciumsulfat unlöslich ist. Durch einen ähnlichen Vorgang wird auch die schädliche Wirkung eines Wassers, das Calciumchlorid in Lösung enthält, durch das Hinzutreten von Natriumsulfat beseitigt, weil sich dann ebenfalls das unlösliche Calciumsulfat bildet und ausfällt. Hierbei entsteht die entsprechende Menge von Natriumchlorid.

Es können außerdem noch folgende zerstörend wirkende Salze im Kesselwasser vorkommen: Eisensulfat, Aluminiumsulfat und zuweilen auch Mangansulfat. Größere Mengen Eisen sind gewöhnlich als Ferrosulfat enthalten. Die gewöhnlich vorkommenden Spuren von Eisen treten in Form von Oxyd und Bicarbonat auf (die Existenz des letzteren ist jedoch vielfach angezweifelt). Das lösliche Ferrosulfat wird durch Luftzutritt als basisches Carbonat oder Sulfat gefällt, wodurch das Wasser deutlich angesäuert wird. In den Kesseln geht die Ausfällung und Ansäuerung schnell vonstatten. Hierbei geht das Eisen in den Schlamm oder wird mit in den Kesselstein aufgenommen, während die Säure ihre bekannte zerstörende Wirkung ausübt. Das Aluminiumsulfat, das von dem eisenhaltigen Aluminiumsulfat der Enthärtungsanlage oder von irgendeiner Verschmutzung herrührt, wirkt ähnlich wie das Eisensulfat.

Es bildet Hydrate und freie Schwefelsäure und ist deshalb ebenso schädlich wie die Eisensalze. Zu derselben Klasse können auch die Ammoniumsalze gerechnet werden, welche in Säure und Ammoniak zerfallen, wobei letztere als Gas von dem Dampf mit fortgeführt werden. Die Wirkungen des Mangansulfats sind schwer abzuschätzen, da dies Salz stets in Gemeinschaft von Eisen- und Aluminiumsalzen auftritt und durch deren Wirkungen überdeckt wird.

Natriumsalze sind im natürlichen Wasser stets anzutreffen. Gewöhnlich gelten sie als unschädlich. Sie lagern sich nicht als Kesselstein ab, weil sie so gut löslich sind, da sie bei einigermaßen guter Kesselüberwachung ihre Sättigungskonzentration nicht erreichen. Ein gewisses Interesse hat das Natriumcarbonat insofern, als es, wenn es in genügender Menge auftritt, an den Armaturteilen aus Nichteisenmetallen Korrosionen hervorruft.

Das Verhalten des Natriumcarbonates bei steigender Verdichtung in Hochdruckkesseln führt zu recht verwickelten Vorgängen. Die Sauerstoffentwicklung bei seinem Verfall muß sehr beachtet werden; denn die Wirkungen des gasförmigen Sauerstoffes gewinnen immer mehr an Bedeutung, vor allem für die Korrosionen an den Überhitzern, Turbinen und Vorwärmern.

Die Aufgabe des Überhitzers besteht darin, den Dampf zu trocknen und auf höhere Temperatur zu bringen. Gaszerstörungen an den Überhitzerrohren können nun durch die vom Dampf mitgerissenen Verunreinigungen entstehen; als solche kommen in Betracht: die Gase, flüchtige Säuren und die beim Überkochen hineingeschleuderten Salze, wobei die Wirkung der letzteren gewöhnlich nur an der Eintrittsseite der Rohre bzw. dem Einströmungsstutzen festzustellen sind. Das Überkochen kann vermieden werden, und es bleibt somit lediglich die Behandlung der Gase und flüchtigen Säuren. Aber gerade die zerstörende Wirkung der flüchtigen Bestandteile aus dem Speisewasser und aus den im Kessel vorhandenen Salzen können sehr heftig werden. Dies gilt besonders für die bei der Zersetzung von Magnesiumchlorid entstehende Salzsäure.

Die Carbonate des Calciums und Magnesiums zerfallen im Überhitzer unter Entbindung von Kohlendioxyd und verwandeln sich in wasserfreie Oxyde. Diese werden zum Teil als Staub vom Dampf mitgerissen und setzen sich auf die Laufradschaufeln der ersten Turbinenstufen; tritt ein Überkochen der Kessel hinzu, so gesellen sich zu ihnen noch andere staubförmige und salzige Bestandteile.

Nitrate zersetzen sich im Überhitzer und bilden die entsprechenden Säureanhydride und wasserfreien Metalloxyde. Magnesiumnitrat spaltet sich in Magnesia und Salpetersäure, welche im Überhitzer in der Form von N_2O_5 vorkommt. Solange der Dampf naß ist, sind die Säuren als solche in ihm enthalten, und in diesem Zustande greifen sie das Metall an. Sobald aber der Dampf trocken ist, werden sie unschädlich. Hierauf beruht die schon eingangs erwähnte Erscheinung, daß die Überhitzerrohre meistens nur an der Naßdampfseite angegriffen werden. Man kann leicht feststellen, an welcher Stelle der Dampf trocken wird, weil an dieser Stelle die Zerstörungen aufhören. Sobald der Dampf nun in der Turbine wieder naß wird, setzen auch die Zerstörungen in der gleichen Weise ein wie auf der Naßdampfseite der Überhitzer.

Überhaupt sind die Korrosionen in der Turbine denen im Überhitzer sehr ähnlich. Sie werden durch den Sauerstoff und durch flüchtige Säuren hervorgerufen, wobei die im Betriebe der Turbine entstehenden Korrosionen weit gefährlicher sein können als diejenigen, welche beim Stillstand auftreten. Bei einer im Betrieb befindlichen Turbine kann man im allgemeinen folgende Verteilung des Angriffs feststellen:

Die Schaufeln der Hochdruckstufen zeigen einen festhaftenden Überzug von magnetischem Oxyd und sind im übrigen korrosionsfrei. Sie bleiben es bis zu dem Punkte, an welchem der Dampf in der Turbine naß wird, hier fängt die eigentliche Korrosion wieder ganz plötzlich an. Die zwei oder drei nächstfolgenden Stufen werden am stärksten in Mitleidenschaft gezogen. Darauf schwächt sich der Angriff nach dem Ende der Turbine mehr und mehr ab, weil der Sauerstoff als Korrosionsentwickler aufgebraucht ist. Die Schaufeln der letzten Stufen der Turbine werden zumeist ebensowenig angegriffen wie die der ersten Stufen.

Bei einer stillstehenden Turbine können nur Anfressungen durch korrodierenden Dampf auftreten, welcher durch Undichtigkeiten der Absperrventile usw. in die stillstehende Maschine eindringt. Es können alle Schaufeln, mit Ausnahme der mit Oxyd bedeckten Hochdruckstufen, in gleicher Weise angefressen werden. Die Anfressungen sind an sich gering, weil der Sauerstoffgehalt des durch Undichtigkeiten eindringenden Dampfes gering ist. Immerhin aber können die Schäden bei längerer Außerbetriebsetzung und schlechter Wartung auch recht unangenehme Folgen mit sich bringen.

Ein wesentlicher Schutz besteht in dem Werkstoff, aus dem neuzeitliche Turbinen hergestellt werden und welcher die Möglichkeit der Korrosionsanfressungen auf das geringst mögliche Maß herabsetzt.

Weitere Gaszerstörungen zeigen sich an den Rohren der den Turbinen nachgeschalteten Kondensatoren. Man wurde auf diese Erscheinung erst in den letzten Jahren aufmerksam, weil sich ein öfteres Versagen der Kondensatoren aus diesem Grunde einstellte. Man suchte sich ein Bild über den Verlauf der Zerstörungen zu machen und suchte an Hand des Krankheitsbildes Schutzmaßnahmen hiergegen zu treffen. Es muß aber gesagt werden, daß diese Korrosionsvorgänge heute noch nicht recht geklärt sind, weil es sich hier um Zerfallserscheinungen des Legierungsmaterials der Rohre handelt. Auch hier lassen sich die 3 eingangs gekennzeichneten Zerstörungsarten feststellen, nämlich: die Selbstkorrosion, die Berührungskorrosion und die Korrosion durch Fremderregung.

Die erste Art tritt auf, wenn Messing mit irgendeinem festen Stoff leitend in Verbindung steht und hierbei in einen Elektrolyten taucht. Die zweite Art findet sich, wenn das Messing mit einem metallischen oder nichtmetallischen Leiter in Berührung kommt, und die dritte Art, wenn das Messing als Anode in einem Stromkreis liegt, der durch eine äußere Stromquelle gespeist wird.

Die Selbstkorrosion bei Messing kann verschiedenartig auftreten. Es kann sich um eine einheitlich allgemeine und gleichförmige Korrosion handeln, bei der die beiden Bestandteile Kupfer und Zink der Legierung in gleicher Weise aufgelöst werden, so daß die Wandstärke des Rohrmaterials gleichmäßig dünner wird. Die Zerstörung kann aber auch ungleichförmig nur an einzelnen Stellen auftreten, unter deren Einwirkung sich entweder das Kupfer oder das Zink aus der Legierung schnell herauslöst. Gerade diese letztere Korrosion kann durch ihre lochartigen Anfressungen sehr schnell zum Bruch eines Rohres führen, weil bei der Entzinkung des Messings das zurückbleibende schwammige Kupfer keine Festigkeit mehr besitzt. Wie beim Eisen ist auch beim Messing die Gegenwart von Sauerstoff zur Einleitung des Vorgangs und zur Fortschreitung der Korrosion erforderlich. Auch hier sind die Vorgänge elektrochemischer Natur, und zu ihrer Entwicklung ist das Vorhandensein von Wasser unbedingt erforderlich. Einfluß auf die Zerstörung hat der Luft- und Salzgehalt des Wassers, die Temperatur, die Zusammensetzung der Legierung, der physikalische Zustand der Legierung und zuletzt auch die katalytische Wirkung der Korrosionsprodukte. Bei normalen Wassertemperaturen wird der Angriff um so stärker sein, je günstiger der Luftzutritt ist. Temperatursteigerungen bis 50° verstärken den Angriff auf Messing, derselbe nimmt aber bei weiterem Steigen ab und ist z. B. bei 60° geringer wie bei 30°.

Die vorstehenden Bemerkungen gelten für Landkondensatoren; bei Seewasserkondensatoren kann der Angriff des Seewassers in drei Phasen zerlegt werden[1]:

Zuerst tritt eine überwiegende, wenn auch nur geringe Löslichkeit des Kupfers auf, dann lösen sich Zink und Kupfer gleichzeitig, und schließlich überwiegt für den weiteren Verlauf die auswählende Auflösung des Zinks. Während also das Kupfer sofort anfängt, sich aufzulösen, beginnt das Zink mit der Auflösung erst ganz allmählich, kommt aber im weiteren Verlaufe der Kupferauflösung gleich, um sie schließlich zu übertreffen.

Von den entstehenden Korrosionsprodukten bewirken vor allem die Oxychloride eine Verstärkung des Angriffs: Kupferoxychlorid beschleunigt die Zerstörung des Kupfers, Zinkoxychlorid die des Zinks. Die Bildung dieser Salze scheint direkt oder indirekt unter den Betriebsverhältnissen zu erfolgen, und zwar die des Kupfersalzes bei tieferen, die des Zinksalzes bei höheren Temperaturen.

---

[1] Nach Gibbs (Trans. Farad. Soc. 11, 1915—1916).

II. Die Verfahren zur Wasseraufbereitung für Kesselspeisezwecke.

1. Grundsätzliches über die Verfahren zur Aufbereitung des Speisewassers.

Bei einer verlustlosen Dampfkraftanlage, welche aus Dampfkessel, Kraftmaschine und Verwerter besteht, würde das Kesselspeisewasser stets im Kreisprozeß umlaufen. Hierbei würde das umlaufende Wasser wohl fortwährend seinen Aggregatzustand und seinen Druck, aber niemals seine Menge ändern. Eine fortlaufende Erneuerung des Speisewassers wäre also nicht notwendig. Das Speisewasser brauchte in diesem Idealfall nur einmal, und zwar vor der Inbetriebsetzung der Gesamtanlage vergütet zu werden. Unter Abwärmeverwerter sind in diesem Gedankengange solche Anlagen zu verstehen, welche am Abdampfstutzen der Maschine angeschaltet sind, um den aus der Maschine austretenden Abdampf in einem Oberflächen-Wärmeaustauscher zu verwerten, sei es zu Heizungs- oder Kochzwecken, oder sei es lediglich zur Niederschlagung des Abdampfes unter sehr geringen Druck in einem Oberflächenkondensator. Bei diesen Abwärmeverwertern wird das Kondensat zur Kesselanlage zurückgespeist.

Bei den ausgeführten Anlagen treten aber Verluste auf, welche bei hochwertigen Kondensationsmaschinen und bei geschlossenem Kreislauf des Speisewassers auf 2 bis 5 Proz. der umlaufenden Speisewassermenge begrenzt werden können. Oft aber ist der Kreislauf auch nicht geschlossen, so daß 5 bis 100 Proz. der umlaufenden Speisewassermenge verloren gehen und somit ersetzt werden müssen. Das entsprechend zuzusetzende Frischwasser muß allen im Abschnitt 1 aufgestellten Anforderungen genügen, welche das im Kreisprozeß umlaufende Speisewasser selbst zu erfüllen hat, d. h. es muß ebenfalls stein- und gasfrei sein.

Es fragt sich nun, wie die im Rohwasser enthaltenen Salze und die schädlichen Gase entfernt bzw. unschädlich gemacht werden können. Die Salzentfernung ist grundsätzlich auf zwei ganz verschiedene Weisen möglich, und zwar einmal auf chemischem Wege durch Ausfällung der Kesselsteinbildner mit und ohne Wärmezufuhr, und ferner durch die Destillation des Rohwassers.

Von den chemischen Verfahren zur Fällung der Kesselsteinbildner kommen in der Praxis nur in Betracht:

1. die Erhitzung,
2. der Zusatz von Ätzkalk (CaO),
3. der Zusatz von Soda (Na_2CO_3),
4. der Zusatz von Ätznatron (NaOH).

Chlorbarium sowie Magnesiapräparate werden besser außer acht gelassen, da sie zur Salzsäurebildung im Kessel führen können.

Die Steinbildner können nun wie folgt ausgefällt werden:

a) der kohlensaure Kalk (aus dem doppeltkohlensauren Kalk)
   1. durch längeres Erhitzen,
   2. durch Ätzkalk,
   3. durch längere Einwirkung von Soda,
   4. durch Ätznatron, und zwar am schnellsten;

b) die kohlensaure Magnesia (aus der doppeltkohlensauren Magnesia)
   5. durch Erhitzen und Ätzkalk zugleich,
   6. durch Ätznatron;

c) der schwefelsaure Kalk
   7. allein durch Soda und auch vollkommen nur bei hoher Erhitzung.

Diese Fällungen vollziehen sich nach folgenden Vorgängen:

1. Bei langem Erhitzen von doppeltkohlensaurem Kalk entweicht ein Molekül Kohlensäure, und es bleibt einfach-kohlensaurer Kalk zurück, der im Wasser fast unlöslich ist. Dieser Vorgang vollzieht sich, wenn das Wasser vorher nicht gereinigt worden ist, im Kessel, und der abgeschiedene kohlensaure Kalk schlägt sich auf den Heizflächen als Kesselstein nieder.

2. Fügt man Ätzkalk zu doppeltkohlensaurem Kalk, so verbindet sich der erstere mit einem Molekül Kohlensäure aus dem letzteren zu einfachkohlensaurem Kalk; dabei wird der doppeltkohlensaure Kalk durch den Verlust des einen Kohlensäuremoleküls ebenfalls in einfachkohlensauren Kalk umgewandelt. Beide fallen aus.

3. Wirken doppeltkohlensaurer Kalk und Soda (d. i. einfachkohlensaures Natron) lange Zeit aufeinander ein, so erfolgt eine Umsetzung in doppeltkohlensaures Natron und einfachkohlensauren Kalk, der sich abscheidet. Das doppeltkohlensaure Natron bleibt in Lösung und kommt, wenn die Reinigung des Wassers nur mit Soda geschieht, in den Kessel. Hier zersetzt es sich in der höheren Temperatur wieder, indem es Kohlensäure abgibt, die in den Dampf gelangt.

4. Ätznatron und doppeltkohlensaurer Kalk setzen sich auch in einfachkohlensauren Kalk und einfachkohlensaures Natron um; dieses gibt bei den hohen Kesseltemperaturen keine Kohlensäure ab.

5. Doppeltkohlensaure Magnesia und Ätzkalk setzen sich in Magnesiahydrat und einfachkohlensauren Kalk um. Die Umsetzung geht langsamer vor sich als bei 2. Beide fallen aus.

6. Ätznatron und doppelkohlensaure Magnesia verhalten sich wie 4. und setzen sich in die einfachkohlensauren Salze von Natron und Magnesia um.

7. Gips wird durch Soda und in der Wärme gefällt, indem sich kohlensaurer Kalk und schwefelsaures Natron bilden: ersterer fällt aus, während letzteres in Lösung bleibt.

Bei 4. und 6. bildet sich bei der Umsetzung der doppeltkohlensauren Salze des Kalkes und der Magnesia durch Ätznatron kohlensaures Natron

(Soda). Dieses fällt dann den im Wasser gelösten Gips, so daß bei Anwendung von Ätznatron wenig oder überhaupt kein Sodazusatz erforderlich ist.

Die Benutzung der Fällungsmittel hängt von der Zusammensetzung der Kesselsteinbildner ab und muß mengenmäßig auf Grund einer Analyse bestimmt werden[1].

Bei Wasser, das bei einem größeren Gehalt an doppeltkohlensauren Verbindungen nur geringe Mengen Gips enthält, wird zur Reinigung Ätzkalk und Soda oder Ätznatron und Ätzkalk verwendet.

Ätznatron kommt dann zur Reinigung in Frage, wenn die bei der Ausfällung der doppeltkohlensauren Verbindungen gebildete Soda für die Ausscheidung von Gips ungefähr aufgebraucht wird. Das Verfahren ist daher nur bei einer ganz bestimmten Zusammensetzung der steinbildenden Salze anwendbar.

Ist Gips in erheblich größerer Menge vorhanden, als den doppeltkohlensauren Salzmengen entspricht, so wird die Reinigung mittels Ätznatron und Soda anzuwenden sein.

Auf einer vollständig anders gearteten Grundlage beruht das ebenfalls zu den chemischen Reinigungsverfahren zu zählende Permutitverfahren. Es wurde beobachtet, daß Wässer, welche durch zeolithartige Bodenschichten hindurchsickern, ihren Calcium- und Magnesiumgehalt gegen Natrium austauschen, also härtefrei werden. Man lernte künstliche Zeolithe durch Zusammenschmelzen von Kaolin, Quarz und Natriumcarbonat mit darauffolgender Körnung und Wasserbehandlung herstellen und mit dieser künstlichen Zeolitherzeugung gelang die Ausbildung eines einfachen, selbsttätigen Reinigungsverfahrens, welches in der Praxis unter dem Namen Permutit weitesten Eingang gefunden hat.

Der Vorgang der Enthärtung nach dem Permutitverfahren ist ein chemischer Austausch der Basen des Rohwassers gegen die Basen des Permutits. Das Permutit nimmt restlos die Kalk- und Magnesiabasen aus dem Wasser heraus unter Bildung von Calcium- und Magnesiumpermutit. Es gibt dagegen seine Natronbase in äquivalenter Menge an das Wasser ab. Es entstehen somit im gereinigten Wasser ausschließlich die drei sehr löslichen Salze: Natriumsulfat (Na_2SO_4), Natriumchlorid ($NaCl$) und Natriumbicarbonat ($NaHCO_3$). Sobald das Permutit eine gewisse Menge von Kalk- und Magnesiabasen aufgenommen hat, müssen durch die sog. Regeneration der Kalk und die Magnesia aus dem Permutit wieder beseitigt werden, wenn eine restlose Wasserenthärtung weiter erfolgen soll. Bei dem alten Permutit (Natriumpermutit) wurde diese Regeneration zur Nachtzeit oder, wenn Weichwasser Tag und Nacht benötigt wurde, im Wechselbetrieb zweier Filter vorgenommen.

Das ursprünglich verwendete Permutit ist heute durch Neopermutit ersetzt worden, bei welchem unter Anwendung eines Sparverfahrens die Regeneration in einer Stunde und weniger durchführbar wird. Auf nähere Einzelheiten wird im Abschnitt II_2 zurückzukommen sein[2].

---

[1] S. a. Abschnitt I, S. 9 (wechselnde Wässer).

[2] S. Abschnitt II_2, S. 40 u. f.

Der zweite, grundsätzlich anders geartete Weg zur Aufbereitung des Kesselspeisewassers beruht auf dem Gedanken, durch Überdestillieren des Rohwassers die Steinbildner und atmosphärischen Gase zurückzuhalten, d. h., durch Verdampfung des Rohwassers und durch Niederschlagen der erzeugten Brüden ein gas- und steinfreies Destillat zu gewinnen.

Das Verdampfen von Rohwasser zum Zwecke Kesselspeisezusatzwasser zu erzeugen, stammt aus dem Schiffsbetrieb und galt dort lange Jahre hindurch gewissermaßen als Notbehelf für den Fall, daß das mitgeführte Frischwasser in den Tanks nicht ausreichte. Die mit Frischdampf von rund 9 bis 10 ata beheizten Verdampfer waren wärmewirtschaftlich wenig glücklich eingebaut und erforderten sehr viel Bedienung. Mit Abdampf beheizte Verdampfer wurden zwar oft empfohlen, konnten sich aber nicht in nennenswertem Maße einführen. Die an Bord der Schiffe für Verdampfer bestehenden Betriebsbedingungen sprachen also nicht dafür, das Verdampfverfahren auch auf Landanlagen zu übertragen.

Trotzdem wurden bereits vor 20 Jahren in Deutschland die ersten Verdampfer in Kraftwerken aufgestellt und mit gutem Erfolg betrieben. Seitdem hat auf diesem Gebiete eine Sonderentwicklung eingesetzt, die zu besonderen Bauarten geführt hat. Erwähnt muß werden, daß bereits bei einer der ersten Landverdampferanlagen auch die thermische Entlüftung oder Entgasung des Speisewassers mit in Betracht gezogen wurde. In der ersten Druckschrift (von den Atlas-Werken in Bremen), die wohl in Deutschland über diese Frage veröffentlicht wurde, ist hierauf auch besonders hingewiesen.

Welche Verbreitung heute Verdampferanlagen erhalten haben, zeigt wohl folgende Feststellung des Prime Mover Committee der amerikanischen National Electric Light Association, der maßgebenden Körperschaft Nordamerikas. Nach ihr sollen in den Vereinigten Staaten schon 1924 nicht weniger als 64 Proz. der untersuchten Werke (gerechnet nach der insgesamt installierten Maschinenleistung) mit Verdampferanlagen ausgerüstet gewesen sein. Auch in Deutschland haben sich diese Anlagen rasch und fortschreitend in großen und kleinen Betrieben eingeführt.

Die Einführung der rein thermischen Speisewasseraufbereitung auf Schiffen wie in Landkraftwerken hängt eng mit der Verbesserung der Wirtschaftlichkeit der Dampfbetriebe zusammen:

Solange man die Speisewasseraufbereitung nur vom Gesichtspunkt der chemischen Reinigung betrachtete, bestand eigentlich kein Zusammenhang mit der Wärmewirtschaft des Kraftwerkes. Die thermische Speisewasseraufbereitung dagegen mußte, wenn sie sparsam arbeiten sollte, in den ganzen Vorwärmerbetrieb mit eingeschaltet werden. Die Aufgabe ist also so zu umreißen, daß die im Betrieb des Kraftwerkes entstehenden Speisewasserverluste durch in Verdampfern destilliertes Wasser unter möglichst geringem Wärmeverbrauch ersetzt werden, und daß gleichzeitig eine möglichst hohe Vorwärmung und eine vollkommene Entgasung des gesamten Speisewassers angestrebt wird. Von der Menge des zu ersetzenden Wassers hängt dabei die wärmetechnische und bauliche Lösung stark ab. Wenn es sich um Kraftwerke handelt, bei denen der Wasserverlust 3, höchstens 7 Proz. der umlaufenden Kondensatmenge beträgt, so läßt sich die in dem erzeugten Brüden enthaltene, latente Wärme ohne weiteres an das Speisewasser abgeben, auch wenn der Verdampferdruck niedrig gehalten wird.

In gewissem Gegensatz hierzu stehen die Anlagen von industriellen Werken, bei denen oft bis zu 30 Proz. und mehr des umlaufenden Kondensates zu ersetzen sind. Hier liegt das Feld der chemischen Reinigung, jedoch kommen auch für diese erheblichen Destillatleistungen neuerdings besonders entwickelte und weiter unten besprochene Verdampferbauarten in Betracht.

Während Kondensat und in Verdampfern erzeugtes Destillat bei richtiger Bauart und Wartung nahezu völlig salzfrei sind, bleiben bei allen chemischen Reinigungsverfahren nicht nur die Alkalisalze des Rohwassers, sondern auch die durch die Umsetzung der Härtebildner sich bildenden Salze in Lösung. Je härter also das Wasser besonders an bleibender Härte ist, um so größer wird der Salzgehalt im chemisch enthärteten Wasser sein. Die Salze des Speisewassers reichern sich aber mit fortlaufender Verdampfung im Kessel an und können bei Überschreitung einer bestimmten Grenzkonzentration neben Betriebsstörungen recht unliebsame Verunreinigungen des Dampfes und damit auch der Überhitzer und der Turbinenschaufeln verursachen. Um solche Störungen zu vermeiden, müssen die Kessel abgelaugt werden, wodurch Wasser- und Wärmeverluste entstehen, selbst dann, wenn die Wärme der Kessellauge teilweise in das zu reinigende Rohwasser zurückgeführt wird. Hierzu kommt aber noch, daß mit steigendem Kesseldruck das Ablaugen der Kessel auf Betriebsschwierigkeiten stößt. Bestimmte Normen über die Laugenmengen lassen sich nicht festlegen, da diese stets von vielen und wechselnden Komponenten beeinflußt werden. Nicht nur die Rohwasserbeschaffenheit und der Salzgehalt des gereinigten Wassers sind hierfür maßgebend, sondern auch Kesselbauart, Druck, Belastung und Nutzwasserinhalt des Kessels sind mitbestimmend für die Menge der abzulassenden Kessellauge[1].

Während Verdampfer an sich ein gasfreies Zusatzwasser liefern, müssen die chemisch enthärteten Wässer noch eine nachträgliche Entgasung erfahren. Diese zuerst als Nachteil für die chemische Aufbereitung angesprochene nachträgliche Entgasung wurde illusorisch, als man zum Schutz gegen Gaszerstörungen dazu überging, das gesamte umlaufende Kesselspeisewasser — also nicht nur die Zusatzmenge — zu entgasen, und zwar im Großentgaser unmittelbar vor Eintritt in die Kessel. Das von der Dampfkraftanlage zur Kesselanlage rückfließende Kondensat ist bei geschlossenem Kreislauf zwar theoretisch gasfrei, praktisch aber nimmt das gasfreie Destillat an jeder undichten Stelle mit großer Begierde atmosphärische Gase auf. Die wichtigsten neuzeitigen Entgasungsanlagen werden im Abschnitt II_5 besprochen werden.

[1] Auf diese Gesichtspunkte soll in Abschnitt II_6 bei der kritischen Beleuchtung der chemischen und thermischen Verfahren noch eingehender zurückgekommen werden, nachdem vorerst die wichtigsten Aufbereitungsverfahren besprochen worden sind.

2. Die rein chemischen Verfahren.

Die rein chemischen Verfahren zerfallen in zwei Gruppen, nämlich in:

a) das Fällungsverfahren (Kalk-Soda-Verfahren mit und ohne Schlammrückführung)

und in b) das Austauschverfahren (Permutitverfahren).

a) Das Kalk-Soda-Verfahren fällt die Kesselsteinbildner durch Zusatz von Ätzkalk und Soda unter Erwärmung des Rohwassers auf 30 bis 65° zwecks Beschleunigung des Fällungsverfahrens unter gleichzeitiger teilweiser Entgasung. Das Verfahren kann ohne und mit Schlammrückführung (Neckarverfahren) unter gleichzeitiger Kondensatgewinnung ausgebildet werden. Als Fällungsmittel können auch Soda oder Ätznatron allein und gemeinsam verwendet werden.

b) Das Permutitverfahren verwandelt im kalten Zustande mit Hilfe eines Stoffes Neopermutit die schwerlöslichen Kalk- und Magnesiumsalze des zu vergütenden Rohwassers in die sehr leicht löslichen entsprechenden Natriumsalze durch Austausch der Ca- und Mg-Anteile durch Na-Anteile aus dem Neopermutit.

Beide Verfahren schlagen demnach gänzlich verschiedene Wege der Wasserenthärtung ein.

a) Das Kalk-Soda-Verfahren.

Professor *Rossel* (Winterthur) hat im Jahre 1888 das Regenerativverfahren angegeben. Die Fällung der Gesamthärte erfolgte durch Soda. Nur die zur Fällung der Nichtcarbonathärte erforderliche Soda wurde verbraucht. Die zur Fällung der Carbonathärte nötige Soda setzte sich durch Aufnahme der halbgebundenen Kohlensäure in doppeltkohlensaures Natron um und gelangte als solches in den Kessel. Durch die Erhitzung des Wassers im Kessel wurde die aufgenommene Kohlensäure wieder abgestoßen und das doppeltkohlensaure Natron in Soda zurückverwandelt. Durch eine enge Leitung, die sog. Regenerierleitung, wurde immer so viel sodahaltiges Kesselwasser in den Wasserreinigungsbehälter zurückgeführt, als der Carbonathärte des Wassers entsprach. Um mit kleinen Kesselwassermengen ausreichende Sodamengen zurückbringen zu können, mußte dem Kessel bei Beginn einer Betriebsperiode eine größere Menge Soda zugegeben werden. Im allgemeinen schwankte diese Menge zwischen 5 bis 10 kg je Kubikmeter Kesselinhalt. Eine Carbonathärte von 1° deutscher Härte erforderte je Kubikmeter Speisewasser die Rückführung von 18,93 g Soda. Bei einem Sodagehalt von 5 kg/m³ Kesselwasser und einer Carbonathärte von 20° d. H. waren beispielsweise

$$\frac{20 \cdot 18{,}93 \cdot 100}{5000} = 7{,}57 \text{ Proz.}^{1}$$

der Speisewassermenge zurückzuführen. Der erforderliche hohe Sodagehalt des Kesselwassers war schuld, daß man das Regenerativverfahren nach etwa 20jähriger Verbreitung wieder aufgab und das gewöhnliche Kalk-Soda-Verfahren vorzog.

---

[1] Vgl. *Haas*, Das Wasserreinigungssystem Neckar. Wärme 1928, H. 51.

Bei dem Kalk-Soda-Verfahren kann man 4 Hauptvorgänge unterscheiden:

1. Das Zusetzen der Fällungsmittel (Kalk und Soda).
2. Die Einwirkung dieser Fällungsmittel auf das zu enthärtende Rohwasser im Reaktionsbehälter.
3. Das Absetzen der ausgefällten Stoffe.
4. Die Filtration des gereinigten Wassers.

Da die Einwirkung der Zusatzstoffe bei erhöhter Temperatur wirksamer ist als bei der kalten Speisewasseraufbereitung, wird zumeist Hilfsdampf, Abdampf oder schlammhaltiges Kesselwasser zur Vorwärmung des ungereinigten Wassers benutzt. Der Kalkzusatz erfolgt meistens in Form von gesättigtem Kalkwasser. Das Filter wird nicht in den Reaktionsbehälter eingebaut, sondern gesondert aufgestellt.

Das Jahr 1908 brachte das Neckar-Verfahren, welches äußerlich große Ähnlichkeit mit dem Regenerativverfahren hatte; denn auch dieses Verfahren benötigte eine Leitung vom Kessel zum Wasserreiniger. Der Grundgedanke war: Fällung der Nichtcarbonathärte mit Soda, Fällung der Carbonathärte mit Wärme und Rückführung des sich noch im Kessel ausscheidenden Schlammes zum Absetzbehälter. Die für das Neckar-Verfahren anfänglich herausgegebenen Vorschriften waren auf den einfachsten Heizer abgestimmt. Es zeigte sich aber, daß ein Betrieb ohne Rücksicht auf die jeweilige Wasserzusammensetzung undurchführbar war. In schneller Reihenfolge wurden daher nach Kriegsschluß Neuerungen eingeführt. Hauptsächlich wurde die Schlammrückführung entwickelt. Mit Hilfe einer Leitung sollte der aus der Resthärte des Speisewassers entstehende Schlamm und die leichtlöslichen Salze, kolloidal gelöste Stoffe und Kieselsäure aus den Kesseln abgeführt werden. Während früher das abgelassene Kesselwasser meist ungenutzt weglief, wird heute die Wärme des Wassers, das Wasser selbst und die Energie des Wassers ausgenutzt. Diese Verbesserung haben sich fast alle Kalk-Soda-Reiniger bauenden Firmen in verschiedener Abart zu eigen gemacht. Das heutige Neckar-Verfahren ist gekennzeichnet durch das eigentliche Enthärtungsverfahren, durch die Wärme- und Kondensatgewinnung, durch die Entgasung, die Entkieselung und durch das Kesselwasser-Meßverfahren. Das Enthärtungsverfahren verwendet als Fällungsmittel Soda oder Ätznatron, oder Soda und Ätznatron, oder Soda und Kalk. Als Alkaligehalt genügen 530 bis 1060 g je Kubikmeter, auf Soda umgerechnet. Beim Kesselwasser-Meßverfahren wird der durch die Entspannung des Kesselwassers gewonnene Dampf als Destillat gemessen und mit einem Beiwert multipliziert. Es ist bei Kesselanlagen mit annähernd gleichbleibendem Druck genügend genau. Im allgemeinen genügt es, das Enthärtungsverfahren mit der Wärme- und Kondensatgewinnung zu verbinden. Die Dosierung ist so eingerichtet, daß nicht nur die Soda, sondern auch der Kalk zugemessen wird.

Fig. 18 zeigt den Kalk-Soda-Reiniger der Firma *Grevenbroich*.

Das durch eine Pumpe geförderte oder von einem Hochbehälter zufließende ungereinigte Wasser gelangt zunächst in eine mit Überlauf versehene Wasserverteilvorrichtung. Durch diese wird die ganze Wassermenge in zwei Teile zerlegt. Der größere Teil fließt durch einen Kataraktvorwärmer nach dem Fallrohr des Klärgefäßes, während der kleinere Teil des Wassers zur Betätigung eines Laugeautomaten dient und dann nach dem Kalksättiger für die Zumessung des Kalkwassers geführt wird. Durch diese Einrichtung wird erreicht, daß die Menge der zugeführten Lauge im gewünschten Verhältnis zur jeweilig zufließenden Wassermenge steht. Im Kataraktvorwärmer wird das zu reinigende Wasser mit Abdampf oder Frischdampf auf 30 bis 40° vorgewärmt. Der verwendete Dampf schlägt sich im Vorwärmer nieder. Im Fällrohr des Klärgefäßes befindet sich ein besonderer Mischteller, auf dem das Wasser mit der Lauge zusammentrifft. Hier beginnt nun die Ausscheidung der den Kesselstein bildenden Stoffe, welche sich zum größten Teil auf dem trichterförmigen Boden des Klärgefäßes als Schlamm ablagern und von Zeit zu Zeit durch das Schlammablaßventil entfernt werden. Das Wasser steigt im Klärgefäß langsam nach oben und fließt durch eine Rohrleitung nach dem Kiesfilter; hier werden alle noch im Wasser fein verteilten Unreinigkeiten zurückgehalten. Das Wasser gelangt im äußerlich klaren Zustande nach dem Reinwasserbehälter. Aus diesem entnimmt es die Kesselspeisepumpe.

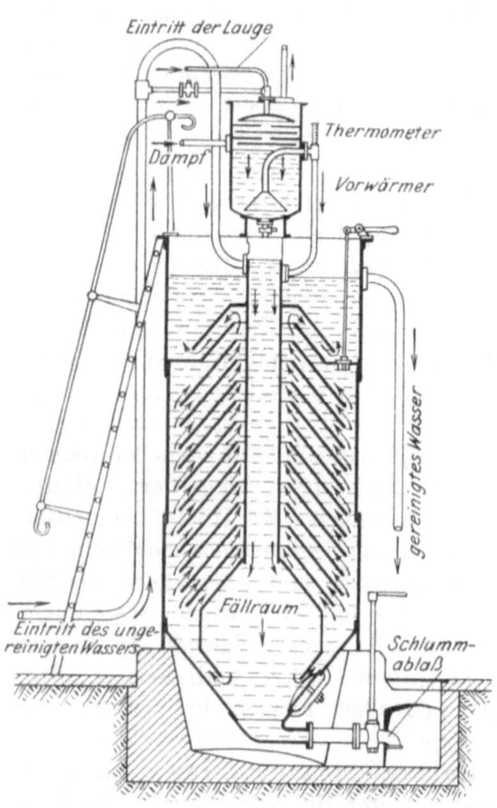

Fig. 18. Der Kalk-Soda-Reiniger der Firma *Grevenbroich.*

Das zu reinigende Wasser und die zur Ausfällung dienenden Chemikalien (Ätzkalk und Soda) werden entweder unmittelbar oder unter Einschaltung eines Vorwärmers dem Fällrohr zugeführt. Aus diesem tritt es unten aus und verteilt sich nach oben aufsteigend gleichmäßig zwischen die um das Mittelrohr angebrachten Schirme. Durch die vielen Absatzflächen und durch eine geringe Wassergeschwindigkeit haben auch die leichtesten Teilchen die notwendige Zeit, sich auf den Schirmen abzusetzen. Der von den Schirmen abgleitende Schlamm sinkt nach unten, wo er durch den Ablaßhahn täglich entfernt werden kann. Durch den Regulierring, der die gleichmäßige Verteilung der Wassermenge zwischen den Schirmen bewirkt, tritt das gereinigte und geklärte Wasser aus und läuft nach dem Reinwasserbehälter ab.

Fig. 19 zeigt eine Ausführungsform des Kalk-Soda-Reinigers der Firma *Franz Seiffert A.-G.*, Berlin.

Bei dem Kalk-Soda-Wasserreiniger der *Franz Seiffert A.-G.* werden die Kohlensäure und die Bicarbonate des Kalkes und der Magnesia (vorübergehende Härte) durch Ätzkalk, die bleibende Härte durch Sodazusatz entfernt. Hierbei wird der Ätzkalk in Form von gesättigtem Kalk-

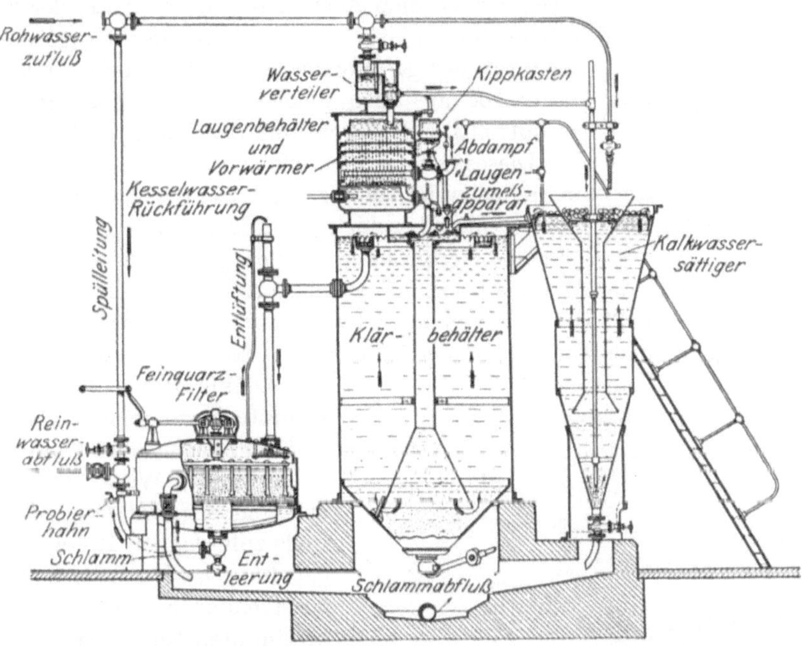

Fig. 19. Kalk-Soda-Wasserreiniger. Bauart *Franz Seiffert A.-G.*

wasser in dem sog. Kalksättiger aufbereitet und dem Rohwasser zugleich mit der erforderlichen Sodalauge, die im Laugenbehälter angesetzt wird, genau dosiert zugeführt.

Fig. 20—23 zeigen einige Zubehörapparate. Das zu reinigende Wasser fließt durch die Rohwasserleitung in den Wasserverteiler Fig. 20. In diesem Wasserverteiler ist ein Überlaufwehr „*a*" eingebaut, welches durch verstellbare Teilschieber in 3 Abteilungen eingeteilt wird. Eine der Außenabteilungen mißt die Sodalösung, die andere gibt die Kalkwassermenge zu und die mittlere Abteilung nimmt den Restteil des aufzubereitenden Wassers auf. Je nachdem nun mehr oder weniger Wasser über das Wehr den einzelnen Abteilungen zufließt, vergrößert oder vermindert sich der Wasserzulauf in diesen und dementsprechend die Zumessung der Sodalösung und des gesättigten Kalkwassers.

Die Zumessung der Sodalauge geht aus Fig. 21 hervor. Die calcinierte Sodamenge wird für eine bestimmte Betriebsdauer in den Sodabehälter eingefüllt. Durch Zulaufenlassen von Rohwasser bis zu einer festgelegten Höhe wird eine Sodalauge von bestimmter Konzentration erzeugt.

Das von dem Verteiler für die Zumessung der Sodalauge abgezweigte Wasser dient nur dazu, die Kippschale zu bewegen. An dieser Stelle befindet sich ein Hebel, welcher durch ein Gestänge mit einem Schöpfbecher verbunden ist, welcher in den Laugenzumeßapparat bei jeder Entleerung der Kippschale eintaucht. Das am Hebelende befindliche Gegengewicht hebt den Becher nach dem Auslauf des Wassers aus der Kippschale durch Zurückschnellen aus der Lauge empor, wodurch der gefüllte Becher seinen Inhalt schnell abgibt. Die aus dem Becher kommende Lauge fließt unmittelbar der Mischrinne des Klärzylinders zu.

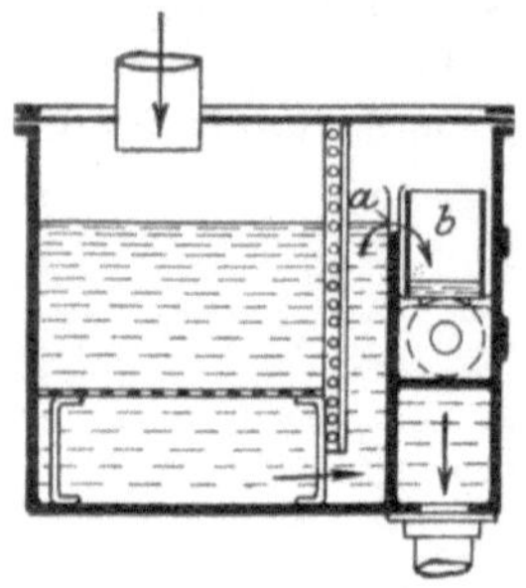

Fig. 20. Wasserverteiler.

Dieses Spiel wiederholt sich in dem Maße, wie der Kippkasten in Abhängigkeit von dem jeweiligen Rohwasserzulauf beschickt wird. Der Laugenzumeßapparat steht in Verbindung mit dem großen Laugenbehälter, worin die Soda in dem jeweils erforderlichen Lösungsverhältnis aufgelöst ist. Ein im Laugenzumeßkasten befindliches Schwimmerventil hält die Flüssigkeitshöhe in dem Laugenzumesser dauernd konstant, so daß der Schöpfbecher bei jedem Hub eine ganz bestimmte Laugenmenge abschöpft und der Mischrinne zulaufen läßt.

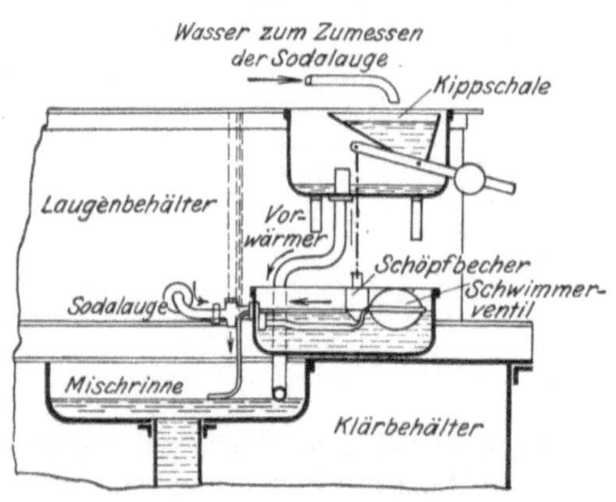

Fig. 21. Zumeßapparat.

Auf diese Weise ist die Zumessung der Sodalauge dem jeweils zulaufenden Rohwasser angepaßt. Das Verhältnis der zuzusetzenden Sodalauge zu einer bestimmten Rohwassermenge ist also von dem Einstellen des Teilschiebers, welcher das Wasser nach der Kippschale hin abmißt, abhängig. Die Einstellung des Schiebers erfolgt an Hand der Wasseranalyse.

Die Zumessung des Kalkes, der zur Entfernung der Bicarbonate des Calciums und der Magnesia erforderlich ist, geschieht in der Weise, daß lediglich die zur Erzeugung des absolut gesättigten Kalkwassers erforderliche Rohwassermenge mittels des zweiten Teilschiebers im Verteiler abgemessen wird. Da das Wasser bekanntlich nur eine bestimmte Kalkmenge zu lösen vermag, so wird für eine bestimmte Betriebsdauer die bestimmte Kalkmenge im Löschtrog des Sättigers gelöscht und die jeweils erforderliche Kalkwassermenge hiermit gesättigt. Die durch den zweiten Einstellschieber im Verteiler abgemessene Rohwassermenge ergibt auf diese Weise die erforderliche Kalkwassermenge von vollkommener Sättigung.

In der Mischrinne des Klärzylinders trifft das Rohwasser mit den beiden abgemessenen Lösungen, nämlich dem gesättigten Kalkwasser und der Sodalösung zusammen. Nun beginnt sofort die chemische Umsetzung der gelösten Kesselsteinbildner in unlösliche Salze, wodurch sich das Wasser trübt und die ausgeschiedenen Niederschläge sich zu Flocken zusammenballen.

Das so getrübte Wasser durchströmt sodann den im Klärzylinder zentral aufgehängten und nach unten erweiterten Mischraum nach der tiefsten Stelle des Klärzylinders, kehrt dann hier um und steigt allmählich wieder nach oben, wobei die abgeschiedenen Kesselsteinbildner sich im unteren Teil des Zylinders als Schlamm absetzen. Dieser wird täglich durch ein Ablaßventil entfernt.

Die für eine bestimmte Betriebsdauer erforderliche Kalkmenge wird in dem Kalklöschtrog abgelöscht und fällt dann selbsttätig durch das Mittelrohr in den Sättigungsraum des Kalksättigers. Das zu sättigende Wasser tritt gleichmäßig durch den für die Sättigung hergestellten Kalkbrei, es steigt dann allmählich in dem sich nach oben erweiternden Kalksättiger, wobei durch eine allmähliche Geschwindigkeitsabnahme die Klärung erfolgt. Die Klärung des gesättigten Kalkwassers ist unbedingt notwendig, weil sonst leicht die Gefahr des Übertrittes von Ätzkalk in den Klärraum des Wasserreinigers zu befürchten ist.

Aus dem Klärzylinder gelangt das vorgereinigte Wasser nach dem auswaschbaren Feinquarzfilter. Hier werden die letzten Spuren von Trübungen zurückgehalten, so daß aus dem Filter klares Wasser austritt.

Die Reinigung des Wassers wird auf warmem Wege vorgenommen. Es darf aber nur das Wasser erwärmt werden, welches nicht zur Kalkwasseraufbereitung oder zur Zumessung der Sodalauge benutzt wird. Zur Erwärmung des Wassers bis auf etwa 65 bis 70° wird, wenn irgend angängig, Pumpen- oder sonstiger Abdampf verwendet. Bei Anwendung von Abdampf erhält der Vorwärmer eingebaute Kaskaden, über welche das Wasser nach unten rieselt, während der Dampf im Gegenstrom sich mit dem Wasser mischt. Hierbei wird das Wasser durch die Kondensation des eingeleiteten Wassers auf die obige Temperatur erwärmt.

Bei Verwendung von Frischdampf wird in den Wasserraum des Vorwärmers eine Dampfstrahldüse eingebaut, durch welche der Frischdampf unmittelbar in das Wasser eingeblasen wird. Auf dem Vorwärmer wird ein Dunstrohr angeordnet, durch das die bei der Erwärmung des Wassers abgespaltenen Gase (freie Kohlensäure und Sauerstoff) abziehen können.

In besonders schwierigen Fällen, in welchen durch die Anwendung von Kalk und Soda ein farbloses und enthärtetes Reinwasser nicht zu erzielen ist, bedarf es noch des Zusatzes eines besonderen Fällungsmittels zum Herstellen vollkommen klaren Wassers. Man verwendet alsdann zumeist schwefelsaures Aluminium. Die Hinzuziehung dieses dritten Fällungsmittels, das immer nur zur Beseitigung der durch Huminstoffe hervorgerufenen Färbung des Rohwassers Anwendung findet, kommt allerdings nur selten in Frage.

Die Dosierung erfolgt gleichartig wie die der Sodalauge durch Aufstellung eines weiteren Dosierungskastens nebst einem Laugenlösungsbehälter, aus dem ein zweiter von derselben Kippschale getätigter Schöpfbecher das gelöste Fällungsmittel aufnimmt.

Bei großen Anlagen unterbleibt häufig, infolge des anstrengenden Heranschaffens der Chemikalien auf die Plattform der Apparatur, die sorgfältige Beschickung der Reiniger. Man baut in solchen Fällen die Reiniger so, daß die Zuteilung von Kalk und Soda zu ebener Erde erfolgen kann. Es empfiehlt sich, die Kesselspeisewasser- bzw. die Zusatzwasseraufbereitung so einzurichten, daß die Apparatur sich selbsttätig ein- und ausschaltet, je nachdem die Beanspruchung der Dampfkessel mehr oder weniger Rein- bzw. Zusatzwasser erfordert.

Für die Reinfiltration kommt ein besonderer Filter in offener oder geschlossener Form nach Fig. 22 und 23 zur Anwendung. In bezug auf die Wirkungsweise hat die offene Ausführung (Fig. 22) vor der geschlossenen nach Fig. 23 den Vorzug, daß bei dieser die Filtration durch die natürliche Druckhöhe im Filter vor sich geht und somit tote Räume auf der Filterfläche vermieden werden. Sie hat aber den Nachteil, daß bei der eintretenden Abkühlung des Wassers atmosphärische Gase eingeschmuggelt werden. Es ist von diesem Gesichtspunkte aus betrachtet, dem geschlossenen Filter der Vorzug zu geben.

Bei dem Filter nach Fig. 23 ist das Filterbett auf einem mit Bronzedrahtgewebe bespannten Siebboden aufgelagert. Der Ablauf des Wassers ist so angeordnet, daß während der Filtration der Wasserstand über dem Filterbett so hoch gehalten wird, daß die wirksame Filterhaut durch äußere Einflüsse nicht beeinträchtigt werden kann. Durch eine über dem Filter angeordnete gelochte Rohrschleife rieselt das Wasser auf den Wasserspiegel. Das Wasser filtriert sodann gleichmäßig durch die Quarzkiesschicht und fließt unten durch die Reinwasserleitung nach dem Reinwasser- bzw. Speisewasserbehälter ab. Ein Überlaufen des Filters ist durch Anordnung eines Überlaufrohres unmöglich. Das Ansteigen des Wasserstandes über dem Bett infolge zu weit vorgeschrittener Verschmutzung der Filterschicht läßt die Notwendigkeit zum Auswaschen des Filterbettes erkennen. Für die Reinigung wird der Rohwasserzulaufschieber abgesperrt und der Schlammablaßschieber geöffnet, so daß der Wasserinhalt oberhalb des Filterbettes abläuft. Sodann wird der Reinwasserschieber geschlossen und der Schieber in der Spülwasserleitung geöffnet. Das Spülwasser tritt infolgedessen durch den Filter von unten nach oben. Es ist nun unter dem Filterbett ein Druckverteilungsrohrsystem angeordnet, aus welchem durch angebrachte Luftlöcher Druckluft ausströmt. Die hierzu erforderliche Druckluft wird durch Öffnen des Dampfventiles mittels einer im Innern des Filters angeordneten Dampfstrahldüse erzeugt, welche Luft ansaugt und diese unter das Filterbett drückt. Der Anschluß einer Druckluftleitung ist also nicht erforderlich.

Durch das Einblasen der Druckluft brodelt das Filterbett leicht auf, so daß alle während des Betriebes in das Filterbett aufgenommenen Schlammteile nach oben getrieben und über die im Innern eingebaute Schlammrinne abgelassen werden können. Diese Spülung ist einfach und kann in wenigen Minuten durchgeführt werden. Vor Wiederinbetriebnahme des Filters ist der unter dem Boden angeordnete Entleerungshahn eine Zeitlang zu öffnen. Durch das Anheben der Filterschicht bildet sich sofort wieder eine wirksame Filterhaut, die Filtration kann also bei Wiederinbetriebnahme nicht durch den etwa an der Oberfläche des Filterbettes hervortretenden Quarzkies gestört werden, wie es bei der Auswaschung mittels Rechen vorkommen kann. Die beschriebenen Maßnahmen gelten für offene und geschlossene Filter in gleicher Weise.

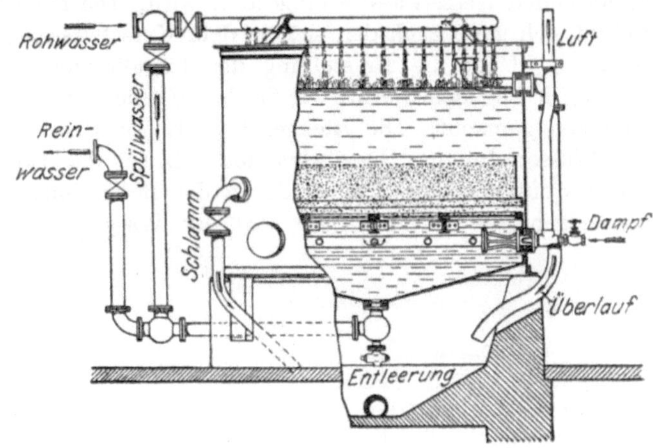

Fig. 22. Offenes Filter.

In besonderen Fällen kann bei der Kesselwasserreinigung eine noch weitergehendere Enthärtung wie bis auf 2° deutsch dadurch erzielt werden, daß dem Vorwärmer der Apparatur fortlaufend etwas Kesselwasser vom Schlammablaß der Kessel zugeführt wird. Durch diese Einrichtung wird die Nachreaktion, die sonst in den Kesseln erfolgt, in die Wasserreinigung verlegt. Durch die Alkalität des Kesselwassers und durch die gleichzeitig stattfindende Temperaturerhöhung kann das auf normale Weise ausgereinigte Wasser auf etwa als 1° deutsch nachenthärtet werden.

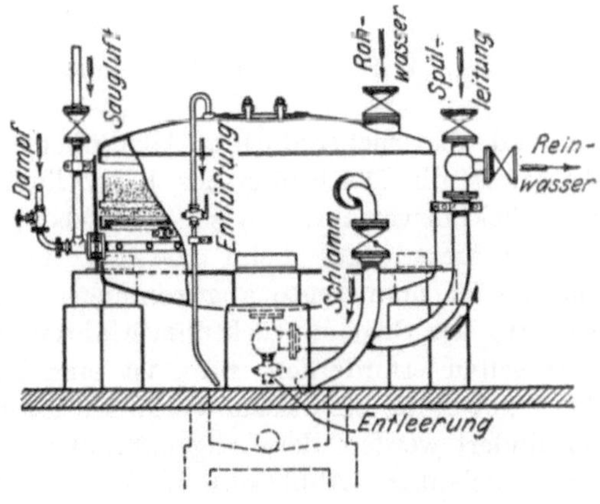

Fig. 23. Geschlossenes Filter.

Die Kesselwasserrücklaufleitung erhält ihren Anschluß am Kessel durch einen Zwischenflansch mit seitlichem Stutzen zwischen dem Schlammablaßkrümmer und dem Abschlammventil. An diesem seitlichen Anschluß wird zunächst ein Absperrhahn angeschlossen, von welchem das rücklaufende Kesselwasser nach einer gemeinsamen Kesselwasser-Rücklaufleitung geführt wird. In jedem der von den Schlammablässen aufsteigenden Stränge wird ein mit Skala versehener Regulierhahn eingebaut, der entsprechend der Menge des rückzuführenden Kesselwassers eingestellt wird. Die Menge des Rücklaufwassers richtet sich ganz nach den sich in dem Kesselwasser ergebenden Aklaliüberschüssen. Über die Einstellung der Regulierhähne werden daher in den jeweiligen Betriebsvorschriften die je nach der Art der Anlage erforderlichen Angaben gemacht. Die rückgeführte Kessellauge tritt in den Vorwärmer der Wasserreinigung, hier wird der sich bei der Entspannung des Kesselwassers entwickelnde Dampf durch die Berieselung im Vorwärmer niedergeschlagen, die Dampfwärme also der Wasserreinigung nutzbar gemacht,

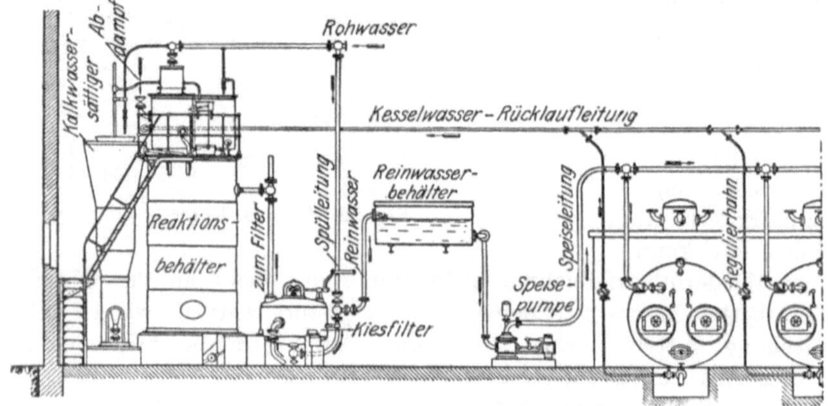

Fig. 24. Schematische Darstellung des Schlammrückführverfahrens.

während die rückgeführten Alkaliüberschüsse mit dem auszureinigenden Wasser in die Mischrinne des Klärzylinders geleitet werden. Fig. 24 zeigt das Rückführverfahren in schematischer Darstellung.

Von dieser auch beim Harko-Verfahren angewendeten Schlammrückführung ist man heute abgekommen; denn die Behauptung, daß bei Anwendung des Schlammrückführverfahrens ein Abschlammen des Kessels nur ganz selten erforderlich wäre, ist eine Irreführung. Es können auf diese Weise gewiß die bei diesem Verfahren naturnotwendigen Reagensüberschüsse vermindert werden, der Laugenabfluß aber erfolgt auch hier zwar nicht aus der Kesselanlage (Abblasen), sondern aus dem Reiniger, und ist größer als bei jedem anderen Aufbereitungsverfahren[1].

Viel besser ist es dann schon — wie einleitend beim Neckar-Verfahren gesagt —, das abzulassende Kesselwasser auf atmosphärische Spannung zu entspannen und die hierbei entstehenden Brüden dem Mischvorwärmer zur Erwärmung des Rohwassers zuzuführen. Auch die dann noch verbleibende Flüssigkeitswärme der Kessellauge kann in einem Oberflächenwärmeaustauscher (Laugenvorwärmer) dem Rohwasser zum Teil noch zugeführt werden,

[1] s. a. Abschnitt II_6.

so daß ein großer Teil der Abwärme zurückgewonnen wird. Fig. 25 zeigt eine solche Anlage von *Seiffert*, Berlin.

Aus Fig. 26 ist der Umsetzungsvorgang mit dem Wärmeverlauf bei einer Kalk-Soda-Reinigung ersichtlich. Die Salze des Rohwassers — dessen Analyse

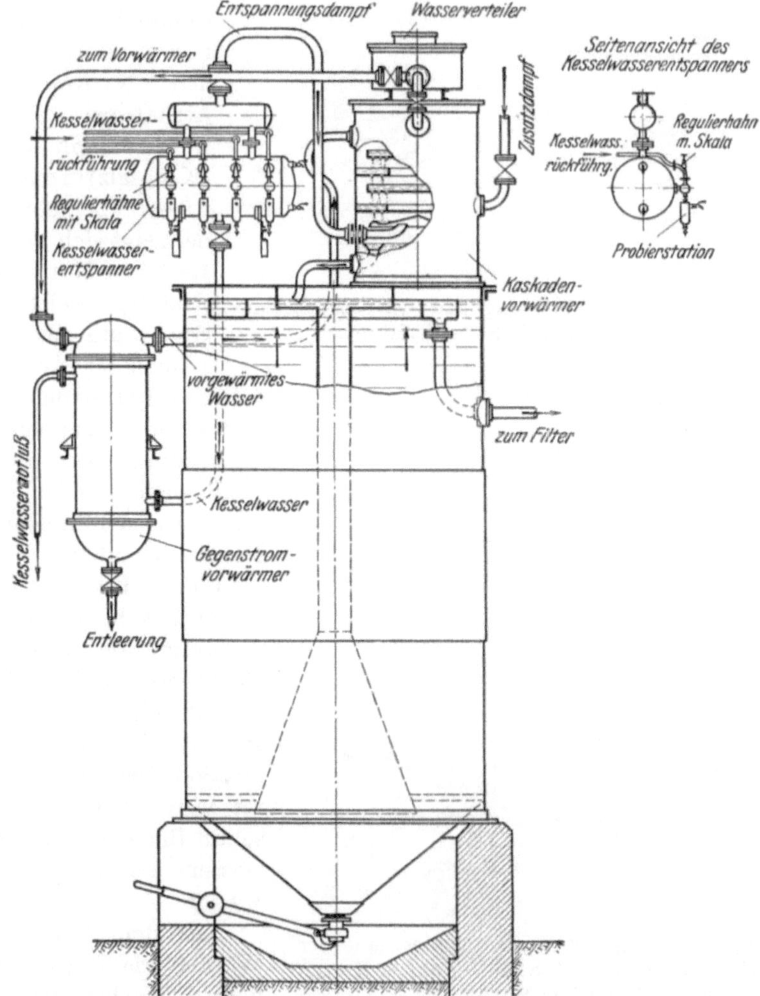

Fig. 25. Kalk-Soda-Reiniger mit Kondensatrückgewinnung.

Zahlentafel 1 zeigt — sind rechts im gleichen Maßstabe aufgetragen. Der erhebliche Verbrauch an Fällungsmittel ist oben und der aus dem Reiniger fließende Schlammgehalt nach unten gerichtet dargestellt. Die freie Kohlensäure des Rohwassers wird, wie oberhalb des Verlaufes von NaCl (rechts) ersichtlich, von dem Kalkhydrat $Ca(OH)_2$ aufgenommen, während der gelöste Sauerstoff des Rohwassers mit dem unverändert bleibenden Gehalt

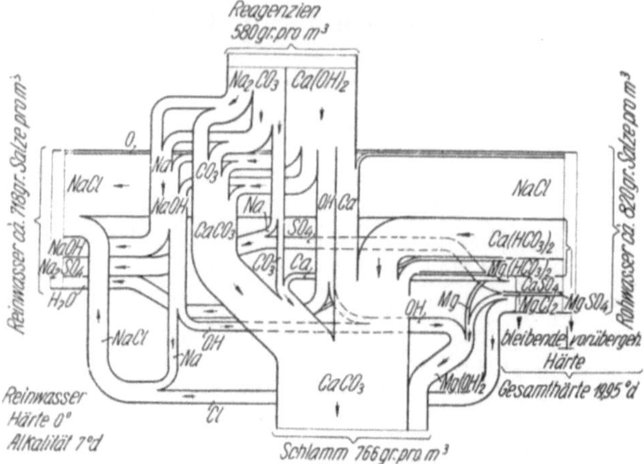

Darstellung der Wasserenthärtung und der chemischen Vorgänge bei dem Kalk-Soda-Verfahren.

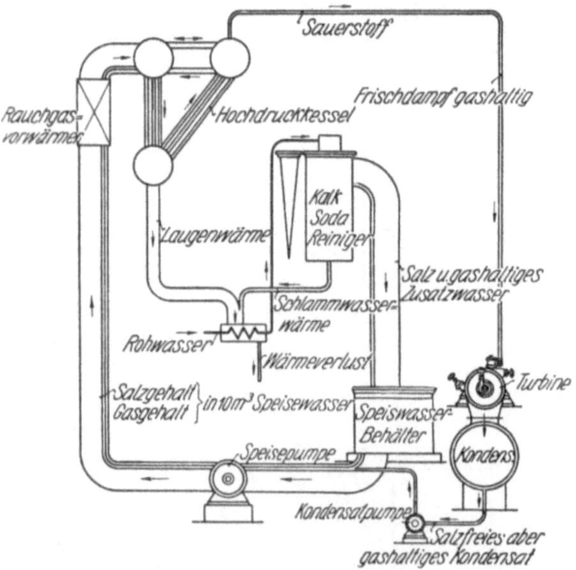

Darstellung des Salzgehaltes, Gasgehaltes und der Warmeverluste bei dem Kalk-Soda-Verfahren. Kesselleistung: 10000 kg Dampf je Stunde. Speisewasser: 10 Proz. Zusatzwasser und 90 Proz. Kondensat.

Fig. 26. Darstellung des Enthärtungsvorganges im Kalk-Soda-Reiniger und der zugehörige Wasser-, Salz- und Wärmeverlauf im Kesselbetriebe.

an NaCl nach links verläuft und im gereinigten Wasser verbleibt. Die Salze im Reinwasser werden um den Chlorgehalt vom Magnesiumchlorid und um den Na-Anteil des Ätznatrons vermehrt, welches dann als NaCl (Kochsalz) in das Reinwasser übergeht. Ferner zeigt sich links der Rest von Natronlauge (NaOH), welche aus Soda und Ätzkalk entstanden ist. Außerdem geht das H_2O aus dem Kalkhydrat und das aus der Umsetzung der Sulfate stammende Glaubersalz (Na_2SO_4) nach links in das Reinwasser über.

Da das Kalk-Soda-Verfahren gewöhnlich bei Temperaturen von 30 bis etwa 70° C arbeitet, so muß zur Beschleunigung der Umsetzung der Härtebildner mit Sodaüberschuß enthärtet werden. Dieser Überschuß findet sich im Reinwasser als freies Alkali wieder.

Aus dem Wasser und Wärmeverlauf ist ersichtlich, daß neben dem Salzgehalt zwischen Reiniger und Speisewasserbehälter noch der Sauerstoffgehalt des Reinwassers als schmaler Streifen auftritt, der sich im Speisewasserbehälter vermehrt und infolgedessen von hier zur Speisepumpe und zum Kessel breiter wird. Bei der Laugenmenge ist angenommen, daß die Wärme derselben zur Vorwärmung des Rohwassers benutzt wird.

Zahlentafel 1.

Analyse des Rohwassers zum Sankey-Diagramm Fig. 26.

Nr.	Bezeichnung	Einheit	Wert
1	Gesamthärte	°d	19,95
	Carbonathärte	°d	10,65
	Bleibende Harte	°d	9,30
2	Calciumbicarbonat ($Ca(HCO_3)_2$)	g/cbm	211,0
3	Magnesiumbicarbonat ($Mg(HCO_3)_2$)	g/cbm	87,4
4	Gips ($CaSO_4$)	g/cbm	82,0
5	Glaubersalz (Na_2SO_4)	g/cbm	—
6	Chlornatrium (NaCl)	g/cbm	324,0
7	Natriumbicarbonat ($NaHCO_3$)	g/cbm	—
8	Magnesiumchlorid ($MgCl_2$)	g/cbm	89,6
9	Magnesiumsulfat ($MgSO_4$)	g/cbm	13,8
10	Ätznatron (NaOH)	g/cbm	—
11	Aus Natriumbicarbonat entstehende Soda	g/cbm	—
12	Aus Natriumbicarbonat abgespaltene Kohlensäure	g/cbm	—
13	Gelöste Kohlensaure	g/cbm	6,6
14	Gelöster Sauerstoff	g/cbm	5,5
15	Gesamtgasgehalt des gereinigten Wassers	g/cbm	12,1
16	Bei der Reinigung entstehender Schlamm	g/cbm	—
	Je 1 cbm Rohwasser werden mit der Kessellauge zurückgeführt		—
17	Glaubersalz		—
18	Chlornatrium		—
19	Soda		—
20	Ätznatron		—
21	Gesamtsalzgehalt des Wassers	g/cbm	807,9

Aus Fig. 27 ist der Umsetzungsvorgang bei dem Schlammrückführverfahren ersichtlich. Rechts ist der Salz- und Gasgehalt des Rohwassers und nach oben der Fällungsmittelverbrauch eingetragen. Gegenüber der Fig. 26 wird mit der stets neu eingeführten Soda noch die heiße Kessellauge mit allen Konzentrationssalzen eingeführt. Da aber aus der Lauge nur die Soda und das Ätznatron an der Umsetzung teilnehmen, so werden die übrigen Salze, wie NaCl, Na_2SO_4 usw., nur als gelöste Salze in Umlauf gehalten und sich im Reinwasser wieder vorfinden. Nur ein geringer Teil dieser Laugensalze wird, wie aus dem Schaubild (Fig. 27) ersichtlich, mit dem Schlamm aus dem Reiniger abgeführt. Der Sauerstoff wird wieder, wie bei Fig. 26, mit dem NaCl des Rohwassers unverändert — vielleicht etwas vermindert — in das Reinwasser übergeführt.

Das Glaubersalz und das Natriumbicarbonat gehen gleichfalls in das Reinwasser über. Aus dem Diagramm geht aber ohne weiteres hervor, daß der Gesamtsalzgehalt des Reinwassers bei diesem Verfahren, im Gegensatz zu dem Schaubild der Fig. 26, außerordentlich hoch ist.

Wie der Wasser- und Wärmeumlauf (Fig. 27) weiter zeigt, macht sich der hohe Salzgehalt bei dem Laugenabfluß besonders bemerkbar, auch sind die Wärmeverluste durch die abfließende Lauge trotz der weitgehenden Wärmerückgewinnung erheblich, denn der Überschuß an Salzen muß endlich doch in genügender Menge am Reiniger abfließen. Infolge des erheblichen Gehaltes an Natriumbicarbonat wird sich im Kessel sehr viel Kohlensäure abspalten, die, soweit sie nicht durch eintretende Korrosionen im Kessel ver-

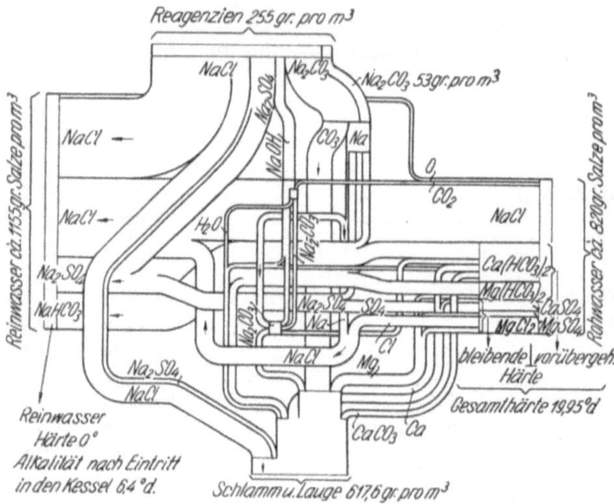

Darstellung der Wasserenthärtung und der chemischen Vorgänge nach dem Schlammrückführ-Verfahren.

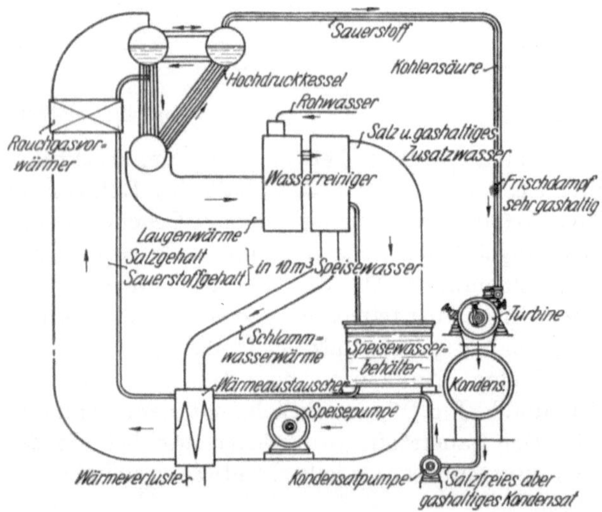

Darstellung des Salzgehaltes, Gasgehaltes und der Wärmeverluste bei dem Schlammrückführ-Verfahren. Kesselleistung: 10000 kg Dampf je Stunde. Speisewasser: $12^1/_2$ Proz. Zusatzwasser und $37^1/_2$ Proz. Kondensat.

Fig. 27. Darstellung des Enthärtungsvorganges im Schlammrückführ-Reiniger und der zugehörige Wasser-, Salz- und Wärmeverlauf im Kesselbetriebe.

braucht wird, im Dampf wiedergefunden wird und somit in das Kondensat gelangen kann.

Mit Vorstehendem ist das Grundsätzliche des Kalk-Soda-Verfahrens beschrieben worden. Die Bauarten der einzelnen Erzeugerfirmen unterscheiden sich voneinander nur durch bauliche Einzelheiten. So wird von der Firma *Halvor-Breda* im Klärbehälter eine besondere Vorrichtung zur Schlammumwälzung vorgesehen, um die Fällung der Salze im Klärbehälter zu beschleunigen. Bei dem Harko-Verfahren der Firma *Reisert* wird das Kesselschlammwasser in einen besonderen Nachreaktionsbehälter geleitet, von dem das bis auf etwa 1° deutsch enthärtete Speisewasser über einen Kiesfilter in den Kessel gelangt.

b) Das Permutitverfahren.

Das Permutitverfahren bedient sich eines künstlich hergestellten Aluminiumsilikates des sog. Permutits, welches durch Zusammenschmelzen von Feldspat, Kaolin, Ton, Sand und Soda mit nachfolgender Körnung und Auswaschung gewonnen wird.

Das Permutit ist ein blättriges, poröses und in Wasser unlösliches Material. Es besitzt die Eigenschaft, seinen Natriumgehalt beim Zusammenbringen mit dem zu vergütenden Rohwasser gegen die Kalk- und Magnesiumsalze dieses Wassers auszutauschen. Hierbei bilden sich unlöslicher Kalk und Magnesiumpermutit, während die urspünglich an Kalk und Magnesia gebundenen Säuren an Natrium gebunden und im gereinigten Wasser infolge ihrer hohen Löslichkeit gelöst bleiben.

Die Umsetzung bzw. der Austausch bei der Permutitreinigung erfolgt nach folgenden Formeln:

$$\begin{aligned} &\text{I.} && P - Na_2 + Ca\,(HCO_3)_2 = P - Ca + 2\,NaHCO_3 \\ &\text{II.} && P - Na_2 + Mg\,(HCO_3)_2 = P - Mg + 2\,NaHCO_3 \\ &\text{III.} && P - Na_2 + CaSO_4 = P - Ca + Na_2SO_4\,. \end{aligned}$$

Es verbleiben somit im gereinigten Wasser ausschließlich die sehr leichtlöslichen drei Salze: Natriumbicarbonat, Natriumsulfat und Natriumchlorid.

Der Austausch vollzieht sich in bestimmten, festliegenden Gewichtsverhältnissen. Er kann nur so lange erfolgen, bis das Natrium des Permutits durch Kalk oder Magnesia ersetzt ist.

Nach erfolgter Erschöpfung des Filters, d. h. sobald in dem abfließenden Wasser durch Ammonoxalat oder Seifenlösung wieder Härte nachzuweisen ist, muß das Permutit regeneriert werden.

Die Regeneration verläuft nach der Gleichung:

$$\begin{aligned} &\text{I.} && P - Ca + 2\,NaCl = P - Na_2 + CaCl_2 \\ &\text{II.} && P - Mg + 2\,NaCl = P - Na_2 + MgCl_2\,. \end{aligned}$$

Aus der Gleichung ist ersichtlich, daß für ein Molekül CaO zwei Moleküle NaCl erforderlich sind. Nun ist aber der Vorgang dem Massenwirkungsgesetz unterworfen, und da andererseits Kalk wesentlich leichter vom Permutit aufgenommen wird als Natrium, so folgt, daß für die Regeneration mehr Kochsalz erforderlich ist, als obiger Gleichung entspricht. Praktisch wird aber hierbei vielfach die Wirtschaftlichkeit des Regenerationsvorganges maßgebend sein und in den meisten Fällen wird zur Regeneration 3 bis 5mal soviel Salz, als obiger Gleichung entspricht, ausreichen.

Die Regeneration wurde normalerweise mit einer 8proz. Kochsalzlösung vorgenommen, welche man mehrere Stunden lang langsam durch die Permutitmasse hindurchfließen ließ. Dabei wurden der vom Permutit aus dem Wasser herausgenommene Kalk und die Magnesia in wasserlöslicher Form als Chlorcalcium oder Chlormagnesia wieder frei gemacht und in den Abwasserkanal ohne Schlammanfall entfernt. Darauffolgend war eine Auswaschung des Permutits mit Wasser nötig, um die dem Permutitkorn noch anhaftende Regenerationsflüssigkeit (Salzlösung) zu entfernen, und somit den Filter für den weiteren Enthärtungsvorgang wieder betriebsfertig zu machen. Die verhältnismäßig lange Regenerationszeit hat dazu geführt, das ursprüngliche Permutit durch ein neues Produkt — Neopermutit genannt — zu ersetzen, welches von den dem alten Permutit anhaftenden Mängeln frei ist. Der chemische Prozeß der Enthärtung und der Regeneration ist bei dem Neopermutit grundsätzlich der gleiche wie bei dem alten Permutit, nur daß die Geschwindigkeit der Reaktionen beim Neopermutit viel größer ist. Das grünschwarze, sehr harte Neopermutit hat beinahe ein doppelt so hohes spez. Gewicht wie das alte Natriumpermutit, so daß die Gefahr von Spülverlusten bei der Rückspülung vor der Regeneration trotz feinerer Körnung des Materials bei sorgfältiger Handhabung kaum mehr besteht. Sie bleiben jedenfalls immer unter 2 Proz. des Gewichtes je Jahr, während bei dem alten Permutit mit Verlusten bis zu 5 Proz. gerechnet werden mußte. Das Neopermutit hat eine sehr schnelle Reaktionsfähigkeit sowohl bei der Enthärtung als auch bei der Regeneration. Während bei dem alten Permutit die Stundenbelastung des Filters praktisch konstant gehalten werden mußte, ist bei dem Neopermutit eine Augenblickssteigerung der Belastung ohne Beeinträchtigung des Enthärtungseffektes möglich. Die Regeneration eines Neopermutitfilters ist in einer halben bis einer Stunde, je nach seiner Größe durchführbar, und zwar einschließlich der Rückspülung vor der Regeneration zur Auflockerung des Materials wie auch der Auswaschung der Salzlösung nach der Regeneration, also vom Abstellen bis zum Wiederanstellen des Filters gerechnet. Die Folge dieser Schnelligkeit der Reaktion ist natürlich, daß Reservefilter für die Zeit der Regeneration, wie sie früher notwendig waren, nicht mehr erforderlich sind, da in jedem Betriebe ein Speisewasservorrat für eine halbe bis eine Stunde schon aus Gründen der allgemeinen Betriebssicherheit wohl vorhanden bzw. leicht zu schaffen ist. Der Filter soll jeweils nach 4 bis 5 Betriebsstunden regeneriert werden. Nach beendigter Regeneration setzt wieder ein Enthärtungsbetrieb des Filters von 4 bis 5 Stunden ein, dem sich wieder eine Regeneration anschließt. Diese Aufeinanderfolge von Betrieb und Regeneration kann beliebig oft vorgenommen werden, so daß ein Neopermutitfilter von den 24 Stunden eines Arbeitstages mindestens 20 Stunden mit seiner vollen Leistung Weichwasser liefert und für die 4malige Regeneration zusammen nur höchstens 4 Stunden nötig hat.

Die schnelle Regenerierbarkeit des Neopermutits hat eine weitere erhebliche Verbilligung der ganzen Anlage zur Folge. Neben dem Wegfall des Reservefilters braucht die Füllung des Neopermutitfilters nur für eine 4- bis 5stündige Betriebszeit vorgesehen zu werden, während bei dem alten Permutit die Füllung für 10 bis 16 Stunden zu bemessen war, um die nötige Zeit für die Regeneration zu gewinnen. Ein weiterer Vorteil ist der erheblich geringere Bedarf an Regeneriersalz, so daß die Betriebskosten bei dem Neopermutit nur etwa die Hälfte der früheren betragen. Bei zusätzlicher Verwendung des weiter unten beschriebenen Sparverfahrens bei der Regeneration werden die Kosten um weitere 30 Proz. herabgesetzt.

Die schnelle Regenerierbarkeit des Neopermutits macht auch die bei den alten Permutitfiltern erforderlichen, verhältnismäßig großen Salzlösebehälter überflüssig. Es ist nur ein kleiner Salzlöser nötig, dessen Größe etwa dem Volumen der aufzuwendenden Steinsalzmenge entspricht. Dieser Salzlöser hat die Form eines mit Bügelverschluß versehenen Topfes, welcher nach Einbringen des Salzes wieder verschlossen wird. Darauf wird Rohwasser zur Lösung des Salzes in den Salzlösetopf geleitet und die entstehende konzentrierte Salzlösung unmittelbar in den Neopermutitfilter oberhalb des Neopermutits gedrückt. Die spezifisch schwerere Salzlösung wird durch das im Filter befindliche Wasser verdünnt, durchfließt nach unten das Neopermutit und tritt aus der geöffneten Entleerung als wasserklare, schlammfreie Flüssigkeit aus. Durch weiteres Zuführen von Rohwasser in den Filter wird dann das überschüssige Salz ausgewaschen, womit der Filter für die Enthärtung wieder betriebsfertig gemacht ist. Die Rückspülung des Neopermutits vor der Regeneration zwecks Auflockerung des Filtermaterials ist bei schlammfreien Rohwässern täglich meistens nur einmal nötig; bei mechanisch verunreinigten Wässern ist sie indessen zweckmäßig vor jeder Regeneration vorzunehmen.

Fig. 28 zeigt in schematischer Darstellung das neuzeitliche Regenerierverfahren unter Verwendung salzhaltigen Auswaschwassers als Spülwasser. Bei diesem „Sparverfahren" werden bedeutende Ersparnisse an Salz und Spülwasser erzielt. Die Rückspülung wird nicht mehr mit Rohwasser vorgenommen. Das nach der Regeneration aus dem Filter abzulassende salzhaltige Auswaschwasser wird nicht dem Abwasserkanal zugeführt,

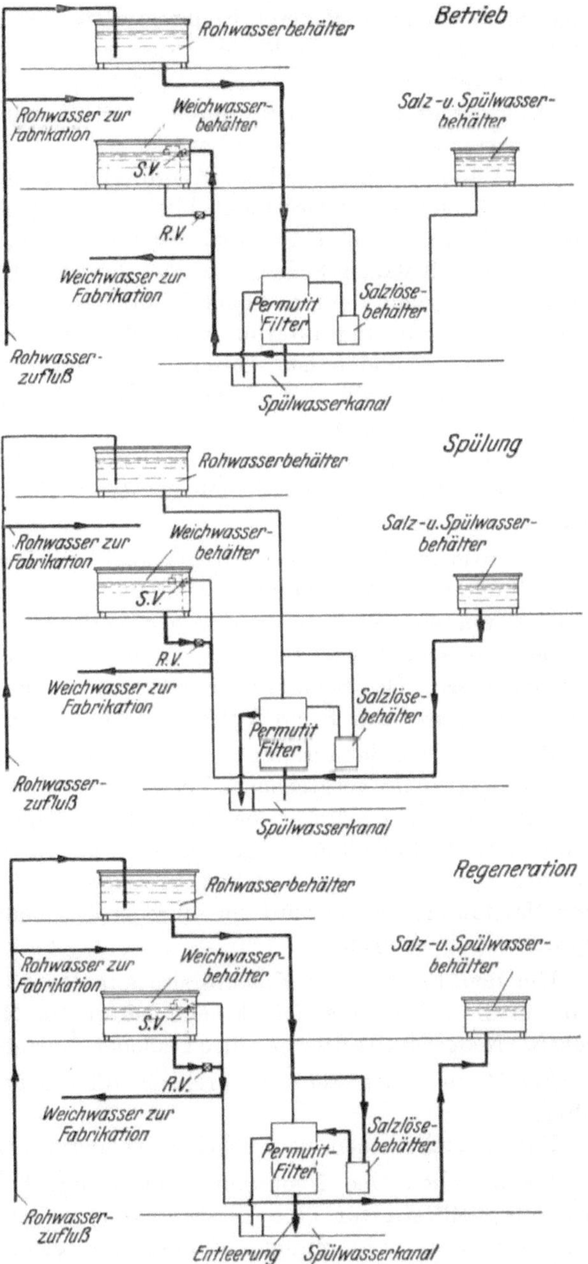

Fig. 28. Schematische Darstellung des Permutit-Sparverfahrens.

sondern in einem besonderen Spülwasserbehälter gespeichert, um als Rückspülwasser für die nächste Regeneration zu dienen. Während bei der früheren Rückspülung mit Rohwasser eine Behärtung des Permutits durch die Härte des Rohwassers eintrat, wird durch die Rückspülung mit salzhaltigem Auswaschwasser eine Enthärtung bewirkt.

Die Handhabung bei dieser Anordnung ist außerordentlich einfach und gewährt, je nach der Geschicklichkeit des Bedienungspersonals Salzersparnisse, zwischen 25 und 40 Proz. gegenüber dem früheren Verfahren. Wie ein zu hoher Kalkgehalt des Salzes den Regenerationsvorgang beeinträchtigt, so wirkt umgekehrt ein zu hoher Chloridgehalt des zu filtrierenden Wassers hinderlich auf die Permutation dieses Wassers, vorausgesetzt, daß das Chlor an Alkalien gebunden ist. Durch diese wird nämlich nach einer gewissen Filtrationsdauer Kalk und Magnesia aus dem Permutit verdrängt, falls die Alkalien in größerer Menge im Wasser vorhanden sind. Auch solche Wässer können nach dem Permutitverfahren enthärtet werden, nur wird der Nutzeffekt des Filters, je nach der Menge der vorhandenen Chloralkalien, mehr oder weniger gedrückt.

Permutit wirkt nicht nur oberflächlich, sondern, infolge seiner Porosität, auch durch das Korn hindurch. Hieraus folgt, daß mechanisch verunreinigte Wässer um eine Verschlammung des Permutits zu vermeiden, vorfiltriert werden müssen, bevor sie der Permutation unterworfen werden; ebenso müssen Eisen, Öl, Schlamm, kurzum, jede mechanische Verunreinigung, aus dem Wasser durch ein Vorfilter entfernt werden.

Sollte es sich herausstellen, daß der Austausch nachgelassen hat (was besonders bei nicht vorgesehener Verwendung saurer oder eisenhaltiger Wässer möglich wäre) so genügt es, nach gründlicher Spülung und Regeneration des Filters mit der doppelten Menge Kochsalz, eine warme 5- bis 6proz. Sodalösung auf das Filter zu gießen und längere Zeit darin zu belassen. Unter Bildung von Natriumbicarbonat wird der saure Zeolith neutralisiert und das Permutit wieder verwendungsfähig.

Um den Einfluß der Kohlensäure auf das alte Permutit auszuschalten, wird in die Filter eine Schicht aus gekörntem Marmor bzw. Kalkstein gegeben. Neopermutitfilter bedürfen solcher Marmorschichten nicht mehr.

Fig. 29 zeigt den Schnitt durch ein offenes und geschlossenes Permutitfilter.

Fig. 30 stellt einen neuzeitlichen Neopermutitfilter mittlerer Größe dar.

Fig. 31 zeigt eine Neopermutitanlage mit 6 einfachen und 4 Doppelneopermutitfiltern für eine Leistung von 360 cbm/h. Das zu vergütende Wasser ist stark verunreinigtes Flußwasser, welches in einer Einspritzkondensation verwendet worden ist und durch Zusatz von Aluminiumsulfat in Klärbecken und Kiesfiltern vorgereinigt wurde.

Die sich bei dem Permutitverfahren bildende Soda gelangt in den Kessel und wird hier unter Abscheidung freier Kohlensäure gespaltet. Eine Anreicherung von Soda muß also über die von der Vereinigung der Groß-

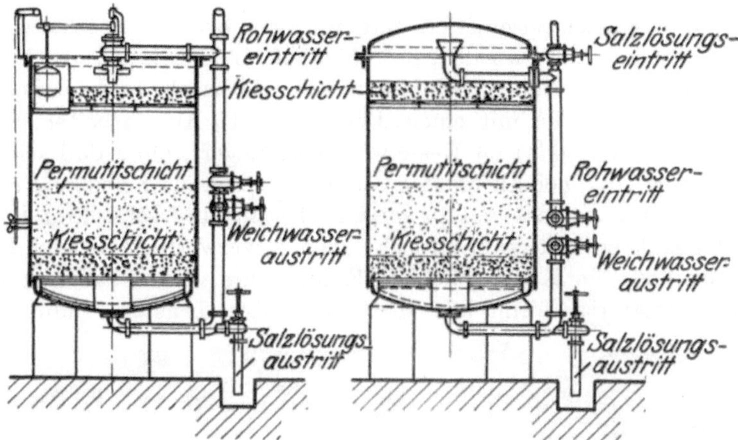

Fig. 29. Schnitt durch ein offenes und ein geschlossenes Permutitfilter.

kesselbesitzer empfohlene Natronzahl (d. i. 1,85 kg/cbm) hinaus durch dauernden bzw. zeitweiligen Abfluß von Kesselwasser verhütet werden.

Ein wöchentliches Abblasen einer gewissen Laugenmenge wird bei Verwendung von permutiertem Wasser hinreichen, um etwaige Übelstände auszuschließen. Die Laugenmenge hängt dabei von der Beschaffenheit des Wassers, von der Kesselkonstruktion und von der Verdampfungsleistung des Kessels ab.

Fig. 30. Ein Neopermutitfilter mittlerer Größe.

Über das Verhalten permutierten Wassers gegenüber der Kieselsäure gilt das auf S. 9 Gesagte. Wird auf 0° C enthärtet und die Enthärtung sorgsam überwacht, so kann sich nur Natriumsilikat Na_2SiO_2 bilden, welches bei den im Kesselbetrieb üblichen Konzentrationen in Lösung verbleibt.

Die weitaus größte Anzahl der ausgeführten Permutitanlagen dient zum

Enthärten von Kesselspeisewasser, mit welchen bei guter Überwachung günstige Resultate erzielt wurden, obwohl vielfach absichtlich die Konzentration des Alkalis sehr hoch gehalten wurde. So wurde beispielsweise bei einigen Kesselanlagen, die mit einem Druck von 12 Atm arbeiten, die Alkalität auf 1,6 v. H. (Soda) im Kesselwasser gesteigert, ohne daß selbst bei längerem Betrieb Unannehmlichkeiten aufgetreten wären. Selbstverständlich ist für gutes Armaturenmaterial zu sorgen, Messing und schlechter Rotguß, (welcher viel Zink enthält) sind an sich schon zu verwerfen. Die sich bei der Spaltung von Soda im Kessel bildende Kohlensäure wirkt kaum angreifend auf das Kesselmaterial, wenn mit alkalischem Kesselwasser gefahren wird.

Fig. 31. Neopermutitanlage für eine Leistung von 360 cbm/h.

3. Das thermisch-chemische Verfahren.

Wie in Abschnitt II_2 besprochen, werden bei dem Kalk-Soda-Verfahren die Carbonate durch Ätzkalk und die Sulfate durch Soda ausgefällt und in einen unlöslichen Kalkschlamm und in lösliches Glaubersalz ($NaSO_4$) umgesetzt. Die Umsetzung der Härtebildner erfolgt aber sehr träge, so daß zur Beschleunigung der Ausfällung mit etwa 15 bis 30 Proz. Reagensüberschuß gearbeitet werden muß. Dieser Überschuß verbleibt unbeeinflußt im Kesselwasser und verursacht einen Alkaliüberschuß, welcher um so größer ist,

je härter das Rohwasser (besonders an Sulfathärte) ist,
je unvollkommener der Enthärtungseffekt und
je höher der Überschuß an Fällungsmitteln ist.

Mit steigender Rohwassertemperatur wird der Verbrauch an Fällungs mitteln zwar geringer, es besteht aber auch bei höheren Temperaturen ein gewisser Grenzzustand in bezug auf die Menge der Reagensmittel.

Bei dem Speisewasser für Dampfkesselbetriebe muß nun nach dem früher Gesagten neben Steinfreiheit auch Gasfreiheit und eine gewisse Alkaliarmut angestrebt werden. Die Entgasung läßt sich auch bei jedem chemischen Verfahren durch die in Abschnitt II_5 beschriebenen Entgasungsverfahren erreichen. Der günstigste Alkaliwert wird aber nur dann zu erreichen sein, wenn nur mit **einem** Reagensmittel zur Fällung der Sulfathärte gearbeitet wird, und wenn Überschüsse an Fällungsmitteln durch eine thermische Beeinflussung vermieden werden.

Dieses Ziel strebt die Firma *Balcke* (Bochum) mit ihrem thermisch-chemischen Verfahren unter Verwendung von Plattenkochern an. Rohwasser von mittlerer Härte, und zwar bei vorwiegender Carbonathärte, kann im Balcke-Plattenkocher auch ohne Zusatz von Chemikalien, lediglich durch eine Kochung des Wassers unter Atmosphärendruck, von den Steinbildnern befreit werden. Zugleich werden durch die thermische Behandlung auch die im Rohwasser gelösten atmosphärischen Gase ausgetrieben und ins Freie abgeblasen. Dem Enthärtungsvorgang läuft also ein wirksamer Entgasungseffekt parallel.

Hat das zu reinigende Rohwasser neben Carbonat- auch Sulfathärte, so wird Soda oder Natronlauge stets aber nur **ein** Fällungsmittel zugesetzt. Ein Kalkzusatz wird grundsätzlich vermieden. Die Art des Zusatzmittels muß von Fall zu Fall, je nach der Wasserart, an Hand einer Wasseranalyse ermittelt werden.

Die Umsetzungen erfolgen bei dem thermisch-chemischen Verfahren wie folgt:

Der doppeltkohlensaure Kalk wird durch Kochung unter atmosphärischem Druck im Plattenkocher ausgeschieden nach der Gleichung:

$$\text{I.}\quad Ca(HCO_3)_2 = CaCO_3 + CO_2 + H_2O,$$

[Spaltung von Ca $(HCO_3)_2$ durch Erhitzung],

wobei die Kohlensäure als Gas mit dem im Wasser gelösten Sauerstoff entweicht und der Kalk sich als harter Stein an die elastischen Plattenelemente des Kochers absetzt.

Der schwefelsaure Kalk wird durch Soda ausgefällt nach der Gleichung:

$$\text{II.}\quad CaSO_4 + Na_2CO_3 = CaCO_3 + Na_2SO_4,$$

wobei sich unlöslicher Kalk und lösliches Glaubersalz bildet.

Bei manchen Wässern wird mit Vorteil statt Soda Natronlauge (NaCH) zugesetzt. Die Umsetzung erfolgt dann nach der Gleichung:

$$\text{III.}\quad Ca(HCO_3)_2 + 2\,NaOH = CaCO_3 + Na_2CO_3 + 2\,H_2O.$$

Aus dem Ätznatron bildet sich, durch den Kochprozeß begünstigt, mit dem freien CO_2-Gehalt des Wassers und der Bicarbonate im Plattenkocher Soda. Diese beeinflußt nun ihrerseits den schwefelsauren Kalk nach der Gleichung II.

Fig. 32 zeigt einen Balcke-Plattenkocher im Schnitt. Das Rohwasser wird mittels Heizdampf im vorderen Kocherteil plötzlich auf 100° C erhitzt und dann zwangsläufig durch die Plattenelemente geführt. Die Carbonate setzen sich als Stein an den Platten ab, während der Schlamm in Trichtern am Kocherboden gesammelt und abgelassen wird. Durch den Kochprozeß werden die im Rohwasser enthaltenen atmosphärischen Gase und die Kohlensäure in Form von Gasblasen ausgeschieden und durch den Dunstabzug abgeführt. Die Temperatur wird durch das Dunstabzugventil eingestellt und zwangläufig durch Temperatur- und Druckregler eingehalten. Die Plattenelemente sind zu Bündeln vereinigt und leicht herausnehmbar. Da sie plastisch gefaßt sind, springt der Stein von ihnen durch Anklopfen leicht ab. Die Reinigung der Platten muß in Zeiträumen von 3 bis 4 Monaten vorgenommen werden.

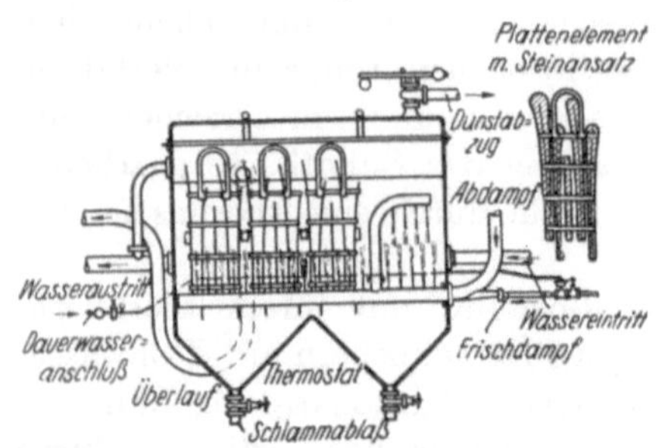

Fig. 32. *Balcke*-Plattenkocher für die thermische bzw. thermisch-chemische Reinigung großer Wassermengen.

Aus Fig. 33 ist der Verlauf der Anreicherung der Alkalität im Kessel bei einem nach dem Kalk-Soda-Verfahren enthärtetem Rohwasser gegenüber einem thermisch-chemisch gereinigten Speisewasser unter völlig gleichen Be-

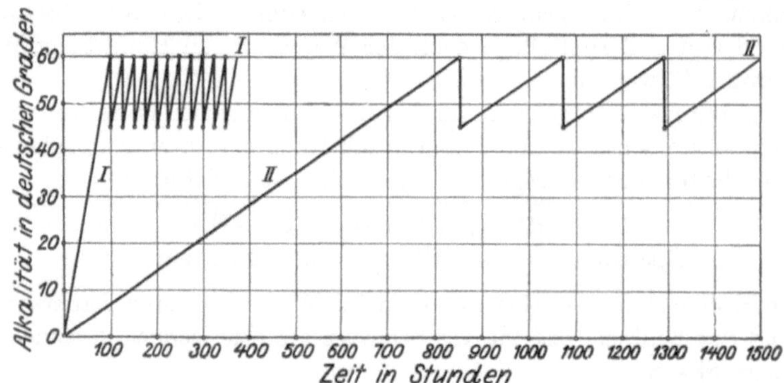

Fig. 33. Verlauf der Anreicherung der Alkalität im Kessel bei chemisch enthärtetem Rohwasser gegenüber thermisch-chemisch gereinigtem Speisewasser.

triebsbedingungen zu ersehen. Bei Annahme einer Alkalinität von 60° deutscher Härte im Kesselwasser wird bei dem Kalk-Soda-Verfahren diese Grenzkonzentration nach etwa 100 und bei dem Balcke-Verfahren nach etwa 850 Betriebsstunden erreicht. Bei gleicher Laugenmenge wird dann die Grenzkonzentration bei dem Kalk-Soda-Verfahren in 25 und bei dem Balcke-Verfahren in 220 Betriebsstunden erreicht. Es muß also bei obiger Sachlage bei Verwendung von Kalk-Soda-Reinigern 10mal soviel Lauge als bei Anwendung des thermisch-chemischen Verfahrens von *Balcke* abgelassen werden.

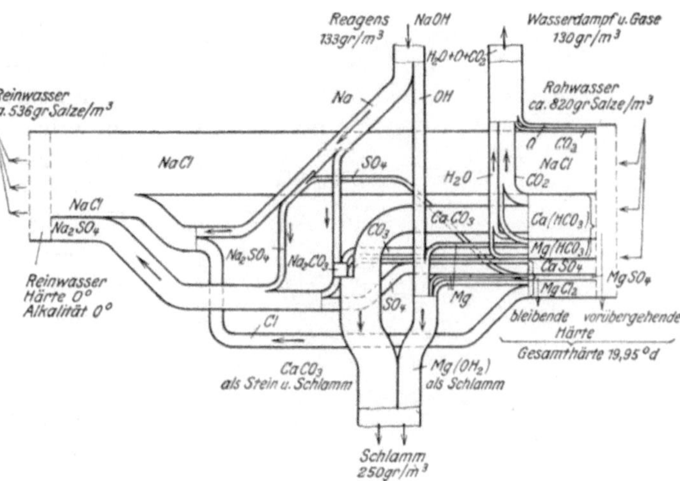

Darstellung der Wasserenthärtung und der chemischen Vorgänge nach dem thermisch-chemischen Verfahren.

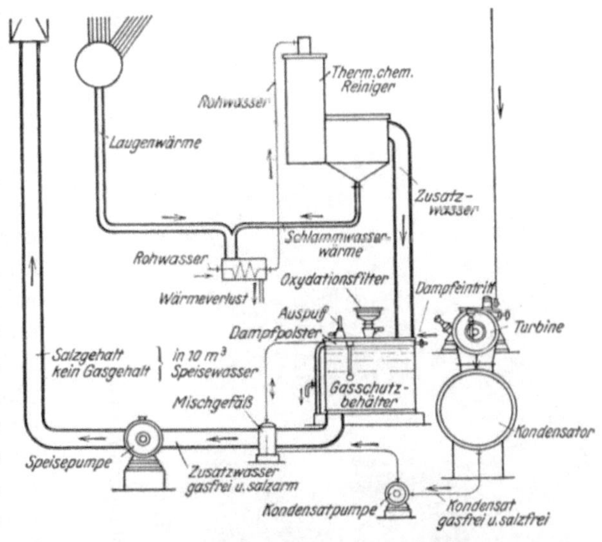

Darstellung des Salzgehaltes, Gasgehaltes und der Wärmeverluste bei dem thermisch-chemischen Verfahren nach *Balcke*-Bochum. Kesselleistung: 10000 kg Dampf je Stunde.

Fig. 34. Darstellung des Enthärtungsvorganges beim thermisch-chemischen Verfahren mit Plattenkochern und der zugehörige Wasser-, Salz- und Wärmeverlauf im Kesselbetriebe.

In Fig. 34 ist der Verlauf des chemischen Umsetzungsprozesses bei dem thermisch-chemischen Verfahren mit *Balcke*-Plattenkochern als Sankey Diagramm auf Grund der in Zahlentafel 1 gegebenen Analyse aufgezeichnet. Rechts ist die Analyse des Rohwassers, also die härtebildenden und gelösten Salze eines Liter Rohwasser in gleicher Weise wie in Fig. 26 und 27 maßstäblich aufgetragen. Das Fällungsmittel [im vorliegenden Falle Natronlauge (NaOH)] wird senkrecht von oben eingeführt. Die im *Balcke*-Plattenkocher ausgeschiedenen Gase (Sauerstoff und Kohlensäure) werden senkrecht nach oben abgeleitet, wobei die Carbonate als Stein an den Plattenelementen des Kochers festbacken. Die durch die eingeführte Natronlauge (NaOH) ausgefällte Magnesia und der aus der Sulfathärte gebildete Schlamm sowie die Steinmenge der Plattenelemente werden senkrecht nach unten abgeführt. Nach links sind dann die im gereinigten Wasser enthaltenen Salze aufgetragen, und zwar das im Rohwasser befindliche NaCl mit 324 mg/l, das aus dem Magnesium gebildete NaCl und das aus der Umsetzung der Sulfathärte gebildete Glaubersalz (Na_2SO_4).

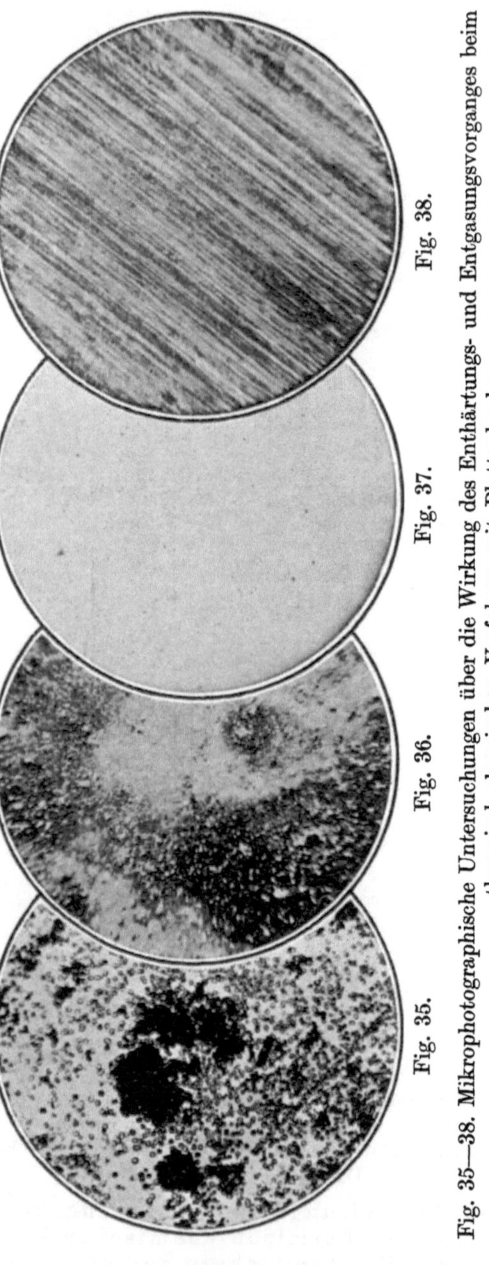

Fig. 35—38. Mikrophotographische Untersuchungen über die Wirkung des Enthärtungs- und Entgasungsvorganges beim thermisch-chemischen Verfahren mit Plattenkocher.

Da beim Kochprozeß keine erheblichen Überschüsse an chemischen Fällungsmitteln erforderlich sind, so ist die in den Kessel gelangende Alkalimenge kleiner als bei Anwendung des Kalk-Soda-Verfahrens

Der in Fig. 34 dargestellte Verlauf des Speisewassers ist ebenfalls maßstäblich gezeichnet.

Im Wasserverlauf vom Reiniger zum Speisewasserbehälter und von diesem zur Speisepumpe und zum Dampfkessel ist der Salzgehalt des Speisewassers aufgezeichnet, während bei dem Laugenfluß vom Dampfkessel und Reiniger bis zum Austritt aus dem Wärmeaustauscher der Wärmeinhalt der Lauge aufgetragen worden ist.

Aus den Mikroaufnahmen der Fig. 35—38 ist die Wirkung des thermisch-chemischen Reinigungsverfahrens mit *Balcke*-Plattenkocher ersichtlich. Zur mikrophotographischen Untersuchung wurde ein sehr schlechtes und korrosives Grubenwasser mit 34° d Gesamthärte, 5 ccm/l Sauerstoffgehalt und 14 ccm/l Kohlensäure gewählt.

Die Mikroaufnahme, Fig. 35, zeigt die harten, aus dem Kocher herausgeholten Steinansätze dieses Grubenwassers in 280facher Vergrößerung. Die schwarzen Stellen deuten schwere Gaszerstörungen an.

Aus Fig. 36 ist die korrosive Wirkung des Grubenwassers auf ein geschliffenes Versuchsplättchen in 120facher Vergrößerung ersichtlich.

Fig. 37 zeigt die schwachen, amorphen, aber ungefährlichen Abscheidungen des im Plattenkocher vorgereinigten Wassers nach einer Konzentration bis auf 13 Proz. des ursprünglichen Volumens in 120facher Vergrößerung.

Fig. 38 gibt zuletzt Aufschluß über das Verhalten des nach dem thermisch-chemischen Verfahren im Plattenkocher enthärteten und gasfreien Wassers in 120facher Vergrößerung. Es sind keine Steinablagerungen oder Korrosionen festzustellen. Die eingeschliffenen Politurrillen sind einwandfrei erhalten geblieben.

Fig. 39 zeigt, wie eine thermisch-chemische Anlage in den Speisewasserkreislauf einer Dampfkraftanlage eingeschaltet wird[1]. Oberhalb der Dosierungs- und Mischeinrichtung ist ein großer Mischvorwärmer zur Rückgewinnung der Abgas- und Laugenwärme angeordnet. Das vorgewärmte Rohwasser fließt durch zwei Meßdüsen, einmal in die Mischeinrichtung und zum kleineren Teil in die als Kippwassermesser eingerichtete Dosierungsarmatur. Der Reagensbehälter steht neben dem Mischer. Das mit dem Fällungsmittel versetzte Rohwasser fließt in einen Beruhigungsbehälter und gelangt von hier mit eigenem Gefälle in den Vorkocher des Plattenkochers. Hier wird das Rohwasser plötzlich auf Kochtemperatur gebracht und unter ständigem Nachkochen durch die hintereinander geschalteten Plattenelemente, die gleichzeitig als Entgasungskammern dienen, zwangläufig hindurchgeführt. Auf diesem Wege wird das Wasser — wie beschrieben — entgast und enthärtet[1]. Die bleibende Härte wird durch ein Fällungsmittel in Schlamm umgesetzt, welcher von Zeit zu Zeit abgelassen werden muß. Vom Plattenkocher gelangt das Wasser durch das Kiesfilter gas- und steinfrei in den Speisewasserbehälter. Zum Kochen wird in der Regel Abdampf aus Hilfsmaschinen verwandt, welcher mittels Temperaturregler zwangläufig gesteuert wird. Bei Fehlen von Abdampf tritt selbsttätig gedrosselter Frischdampf in den Kocher. Auf der Fig. 39 ist der Speisewasserbehälter mit einer in Abschnitt II_5 näher erläuterten *Balcke*-Gasschutzeinrichtung versehen. Der Gasschutzbehälter nimmt nur das Zusatzwasser auf.

Das von Natur aus gasfreie Turbinenkondensat wird unter Zwischenschaltung eines Mischgefäßes unmittelbar der Speisepumpe zugeführt. In dem Mischer erfolgt die geräuschlose und plötzliche Erwärmung des kalten Kondensates durch das heiße und gasfreie Zusatzwasser. Durch die plötzliche Erwärmung tritt ein teilweises Austreiben der Gasreste aus dem Kondensat ein, die dann in den Gasabzugsraum übertreten können.

Das chemisch gereinigte Zusatzwasser macht einen Laugenabfluß am Kessel erforderlich. Diese Lauge wird wie beim Kalk-Soda-Verfahren abgelassen und entspannt. Die frei werdenden Brüden treten in den Mischvorwärmer des Reinigers über, während ein Teil der Laugenabwärme in einem Oberflächenvorwärmer an das Rohwasser übertragen wird. Die im Kessel angereicherten Salze werden als Verunreinigung ins Freie abgeführt.

---

[1] Siehe Zeitschrift „Die Wärme“ Jg. 1928, H. 40. — Aufsatz von *Klein*, Vergleichende Betrachtung über das Verhalten von Destillat und chemisch gereinigtem Wasser im Hochdruckkessel.

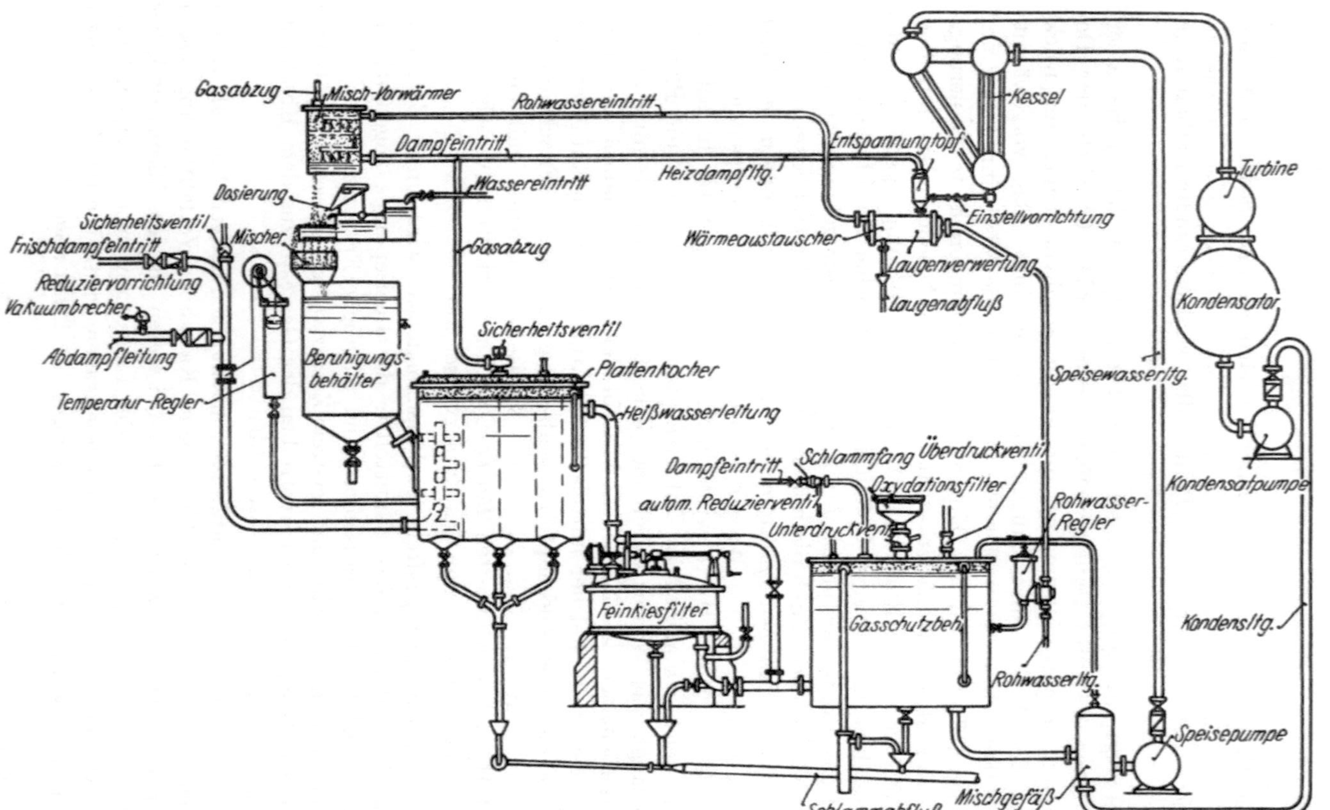

Fig. 39. Schematische Darstellung einer Speisewasser-Aufbereitungsanlage nach dem thermisch-chemischen Verfahren von *Balcke*-Bochum, mit Plattenkocher, in Verbindung mit einer Gasschutzanlage und einem gasgeschützten Speisewasserkreislauf.

Der Rohwasserzufluß erfolgt bei diesen Anlagen durch einen vom Wasserspiegel des Gasschutzbehälters gesteuerten Regler. Bei einem geringen Wasserbedarf wird der Rohwasserzufluß gedrosselt, wobei gleichzeitig selbsttätig auch die Dampfzufuhr verringert wird. Die Gesamtanlage wird bei ordnungsmäßigem Betriebe so gesteuert, daß eine nennenswerte Bedienung nicht erforderlich ist.

Fig. 40. Thermisch-chemische Speisewasseranlage nach *Balcke*-Bochum, für 1200 cbm tägliche Leistung.

Eine neuzeitige thermisch-chemische Anlage zeigt Fig. 40. – Die Anlage ist für eine tägliche Rohwasserenthärtung und Entgasung von 1200 cbm gebaut. Das Wasser ist einem starken Wechsel in der chemischen Beschaffenheit unterworfen und enthält häufig 20 bis 30 mg/l Kieselsäure. Um die letztere teilweise auszuflocken, ist vor der Dosierung oben links ein Vorkocher eingebaut. Von hier aus gelangt das dosierende Wasser in den Beruhigungsbehälter und fällt dann in die beiden Plattenkocher ab. Rechts am Beruhigungsbehälter ist der Abdampfregler und hinten an der Wand der Frischdampfregler zu sehen. Zur Dauerüberwachung wird jeder Kocher mit einem Schreibthermometer und Druckmesser ausgestattet[1].

4. Die Verdampferverfahren.

Neben den chemischen und thermisch-chemischen Verfahren haben sich die rein thermisch arbeitenden Verdampfer-Verfahren zur Bereitung von stein-

[1] Über selbsttätige Anzeige- und Schreibgeräte sowie Reglung vgl. Verf., Die Organisation der Wärmeüberwachung in technischen Betrieben. Verlag R. Oldenbourg, Berlin-München 1929.

und gasfreiem Zusatzwasser überall dort weitestgehend eingeführt, wo der Speisewasserkreislauf der Dampfkraftanlagen geschlossen ist.

Es handelt sich hier fast stets um Kondensationsturbinenanlagen, bei denen, je nach der Güte der Anlage, nur die Dampfverluste in Höhe von 3 bis 5 Proz. der gesamtumlaufenden Speisewassermenge durch aufbereitetes Zusatzwasser zu ersetzen sind (S. 26 u. f.). Heute aber können die Verdampfer so ausgebildet werden, daß sie bei günstigen thermischen Verhältnissen auch wesentlich höhere Destillatmengen in wirtschaftlicher Weise erzeugen können.

Man unterscheidet zwischen Vakuum-, Niederdruck- und Hochdruckverdampfern, welche in Folgendem einzeln besprochen werden sollen:

a) Die Vakuumverdampfer.

Die Hauptvertreter dieser Klasse sind der *Schmidt-Bleicken-* und der *Balcke-Bleicken-*Vakuumverdampfer. Ihre Arbeitsweise beruht darauf, daß warmes Wasser im Vakuum schon bei einer viel niedrigeren als der normalen Siedetemperatur (bei 1 ata) verdampft, vorausgesetzt, daß die Temperatur des in den Vakuumraum eintretenden Wassers höher ist als die dem Unterdruck entsprechende Dampftemperatur.

Der Betrieb geht in der Weise vor sich, daß das mit verfügbarem Abdampf in einem Vorwärmer erwärmte Wasser in den Verdampfer eingeführt wird. In diesem wird ein mäßiges Vakuum unterhalten, welches niedriger ist, als der Temperatur des eingeführten vorgewärmten Wassers entspricht. Das gegenüber der Vakuumtemperatur überhitzt eintretende Heißwasser fließt in dem Verdampfer in feiner Aufteilung über einen Rieseleinbau, wobei ein Teil des Wassers verdampft, während das übrige Wasser unter Abgabe der Verdampfungswärme auf die der Luftleere entsprechende Temperatur abgekühlt wird. Nach der Abkühlung wird das Umlaufwasser wieder dem Vorwärmer zugepumpt und in demselben von neuem auf die gewählte Überhitzungstemperatur gegenüber der dem Vakuum entsprechenden Dampftemperatur vorgewärmt. Es ist demnach ein kleines Pumpwerk erforderlich, um das Rieselwasser umzuwälzen und um den Kondensator, in welchem die Brüdendämpfe aus dem Verdampfer zu Destillat verdichtet werden, zu entlüften und zu entwässern.

Infolge der niedrigen Temperaturen ist die Gefahr einer Steinbildung gering. Da der Verdampfer keine Heizrohre besitzt, so ist er längere Zeit ohne Reinigung betriebsfähig.

Das Destillat ist infolge der langsamen Verdampfung des Rohwassers auf großer Oberfläche stein- und chlorfrei und verläßt den Kondensator der Verdampferanlage in vollkommen entlüftetem Zustande.

Der Kondensator wird mit dem Kondensat aus der Haupturbinenanlage als Kühlmittel betrieben. Die Verdampfungswärme der Brüden geht also bei der Kondensation auf das Kondensat der Turbinenanlage über. Somit ist für eine Abwärmerückgewinnung bis auf die unumgängliche Leitungs- und Laugenverluste gesorgt.

Fig. 41 zeigt den Aufbau dieser Vakuumverdampfer in schematischer Darstellung. Es bedeutet *a* den Vorwärmer, *b* den Verdampfer, *c* den Brüdenkondensator, *d* die Umwälz- und *e* die Kondensatpumpe, welche gemeinsam von der Kleindampfturbine *f* angetrieben werden.

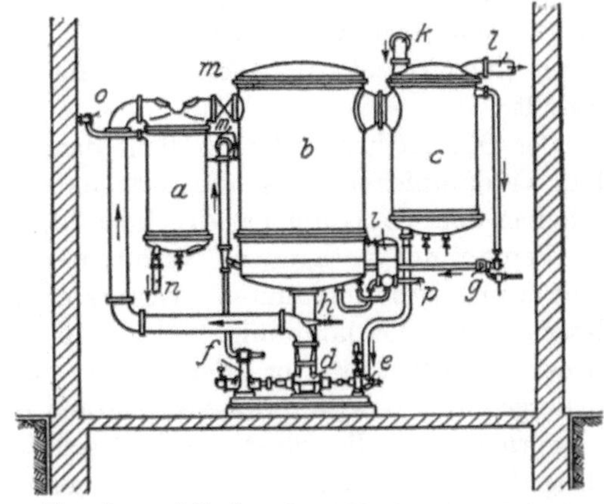

a Vorwärmer; *b* Verdampfer; *c* Kondensator; *d* Umwälzpumpe; *e* Kondensatpumpe; *f* Kleindampfturbine; *g* Luftpumpe.

Fig. 41. Schematische Darstellung eines Vakuumverdampfers.

Der Abdampf dieser Turbine *f* sowie der Luftpumpe *g* wird dem Vorwärmer *a* zugeführt und somit zur Wiedererwärmung des Umwälzwassers mit herangezogen.

Fig. 42 zeigt eine Vakuum-Abdampf-Verdampferanlage Bauart *Schmidt-Söhne-Bleicken*. Die Anlage besteht aus den folgenden Hauptteilen:

einem Oberflächenerhitzer *a*,
einem Verdampfer *b*,
einer Umwälzpumpe *c*,
einem Venturi-Wassermesser für das Umwälzwasser *d*,

Fig. 42. Vakuumverdampferanlage, Bauart „*Schmidt-Söhne-Bleicken*“, Hamburg, für eine Destillatleistung von 1000 kg/h.

einem selbsttätigen Wasserstandsregler *e*,
einem Flüssigkeitsmesser für die abzuführende Lauge *n*,
einem Regulierschieber *r* in der Brüdenleitung.

Der Verdampfer *b* steht mit dem Hilfskondensator, Hauptkondensator oder einem Speisewasservorwärmer (s. *c* Fig. 41) in Verbindung und wird durch einen Regulierschieber *r* auf ein bestimmtes Vakuum (ca. 80%) eingestellt.

Der Oberflächenerhitzer *a* dient dazu, das mit der Umwälzpumpe *c* aus dem Verdampfer *b* angesaugte Roh- oder Seewasser, welches durch den Erhitzer in den Verdampfer gedrückt wird, auf eine höhere Temperatur als die im Verdampfer vorhandene Vakuumtemperatur zu erwärmen. Durch die Einführung des überhitzten Wassers in den Verdampfer gelangt ein Teil desselben zur Verdampfung, welches in Dampfform nach dem Hilfskondensator, Hauptkondensator oder Speisewasservorwärmer geleitet und daselbst niedergeschlagen wird. Bei Verwendung der Wärme in einem Speisewasservorwärmer wird die günstigste Wirtschaftlichkeit der Anlage erreicht. Der übrige Teil des in den Verdampfer eingeführten Roh- oder Seewassers nimmt hierselbst nach erfolgter Verdampfung die Vakuumtemperatur an und wird durch die Umwälzpumpe *c* nunmehr dauernd im Kreislauf durch den Erhitzer *a* in den Verdampfer *b* zurückbefördert.

Der selbsttätig wirkende Wasserstandsregler *e* hält den Wasserspiegel im Verdampfer ständig auf gleicher Höhe.

Der Venturi-Wassermesser *d* zeigt die Menge des Umwälzwassers sofort ablesbar an. An der Menge des umgewälzten Rohwassers bzw. Seewassers und an dem Temperaturunterschied zwischen der Anzeige des Fernthermometers, welches die Temperatur des überhitzten Wassers angibt, zu der Vakuumtemperatur, welche an dem Vakuummeter ablesbar ist, kann die Leistung der Verdampferanlage nach Anleitung der Betriebsvorschrift leicht ermittelt werden.

Ein Laugenmesser *n* ermöglicht das unmittelbare Ablesen der abzuführenden Laugenmenge. Statt der mit Elektromotor angetriebenen Umwälzpumpe *c* kann auch eine mit einer Frischdampf- oder Abdampfturbine betriebene Pumpe oder eine horizontale oder vertikale Duplex-Dampfpumpe gewählt werden. Bei Anwendung einer Antriebsturbine oder Duplex-Dampfpumpe kann der Abdampf derselben zur Vorwärmung des Umwälzwassers mit benutzt werden.

Das Heizdampfkondensat aus dem Erhitzer *a* wird dem Speisewasserbehälter zugeführt.

Fig. 43 stellt in schematischer Weise den besprochenen Verdampfer in unmittelbarer Verbindung mit einer Gegendruckturbine dar. Auf den Vorwärmer *a* arbeitet der Abdampf der Gegendruckmaschine mit einer Spannung von 1,1 ata, sowie der Abdampf der Strahlluftpumpe *g* und der Hilfsturbine *d*.

Bei stark schwankender Abdampfabgabe, wie z. B. bei Fördermaschinen, Pressen, Dampfhämmern, Walzenzugmaschinen u. a. m., wird dem Abdampfverdampfer ein Wärmeaustauscher mit Abdampfspeicher vorgeschaltet. Je nach der Art des jeweiligen Betriebes und der auftretenden Schwankungen in der Dampfabgabe kann ein Dampf- oder Wasserspeicher in Frage kommen.

In dem Schaltungsschema der Fig. 44 pufft der Abdampf in einen Rateau-Speicher und gibt die überschüssige Wärme unter Drucksteigerung von 1,0 auf 1,3 ata oder höher ab. Bei den Dampfpausen der Fördermaschinen gibt das erhitzte Wasser die aufgespeicherte Wärme in Dampfform bei gleichzeitigem Druckabfall im Speicher wieder frei. Auf diese Weise kann dem Vorwärmer der Verdampferanlage bei richtiger Bemessung des Speichers ein dauernd gleichmäßiger Dampfstrom zugeführt werden.

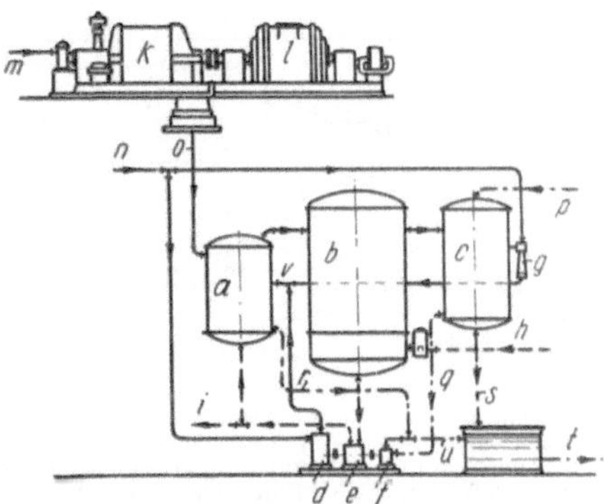

– Dampf, – – – Wasser, –•–•– Destillat und Kondensat. *a* Vorwärmer; *b* Verdampfer; *c* Kondensator; *d* Antriebsturbine; *e* Umwalzpumpe; *f* Destillatpumpe; *g* Dampfstrahlluftpumpe; *h* Rohwassereintritt; *i* Laugenabfluß; *k* Dampfturbine; *l* Generator; *m* 13200 kg Frischdampf, 13 ata, 300° C; *n* 800 kg Frischdampf, 13 ata, 300° C; *o* 13200 kg Abdampf, 1,1 ata; *p* 210 cbm Turbinen-Kondensat, 23° C; *q* 12000 l Destillat; *r* 14000 l Kondensat, 100° C; *s* 210 cbm Turbinen-Kondensat, 55° C; *t* 236 cbm Speisewasser, 57° C; *u* 2600 l Destillat und Kondensat; *v* 800 kg Abdampf, 1,1 ata.

Fig. 43. Vakuumverdampfer in unmittelbarer Verbindung mit einer Gegendruckturbine.

Nicht immer aber läßt sich der Wechsel der Dampfabgabe bei der Schaltungsart nach Fig. 44 betriebssicher genug ausgleichen, um die gesamte Abdampfwärme zu erfassen. Man geht in solchen Fällen dann besser zum reinen Wasserspeicher nach Fig. 45 über. Der eigentliche Wärmeaustauscher kann dabei entweder mit dem Wasserspeicher zusammengeschaltet oder von diesem getrennt aufgebaut werden. Sobald die im Röhrenbündel des Wärmeaustauschers *a* sich befindende Rohwassermasse durch den um die Rohre eintretenden Abdampf erwärmt wird, steigt der Wasserinhalt in den oberen Teil des Speichers *b* und drückt gleichzeitig das im unteren Speicherteil befindlichere kältere Wasser in den Wärmeaustauscher. Je stärkere Dampfstöße kommen, um so schneller und höher wird die geringe Wassermenge in dem Röhrenbündel erwärmt, wodurch die gesamte Wassermasse des Speichers sich immer schneller umwälzt, bis der ganze Speicherinhalt gleichmäßig hoch erwärmt worden ist. In den folgenden Dampfpausen entnimmt der Verdampfer *c* den im Speicher befindlichen Heißwasservorrat. Hierbei sinkt der Heißwasserspiegel im Speicher, wobei gleichzeitig durch einen Schwimmerregler *e* eine entsprechende Kaltwassermenge wieder eintritt, um bei neuer Dampfgabe die Abdampfwärme wieder aufzunehmen[1].

Diese Einrichtungen arbeiten wie der Vakuumverdampfer selbsttätig und passen sich auftretenden Betriebschwankungen an.

[1] In der „Abwärmetechnik“ Bd. III, Abschn. 1 hat Verf. Wirtschaftlichkeitsberechnungen zu den Schaltungen Fig. 43—45 gebracht. Verlag R. Oldenbourg, München-Berlin 1928.

In vielen Betrieben sind große Heißwassermassen vorhanden, welche im allgemeinen verloren gehen. Leitet man diese Wassermengen durch den Vakuumverdampfer, so kann man ohne besonderen Vorwärmer vor der Abkühlung noch auf einfache Weise Destillat erzeugen, wobei die Abkühlung des Wassers in beliebigen Grenzen innerhalb des Vakuumgebietes erfolgen kann, solange noch mindestens 10° C Temperaturunterschied zwischen Warmwasser- und Vakuumtemperatur vorhanden sind[1].

Nachfolgend sollen noch einige Anordnungen besprochen werden, bei welchen der Hilfskondensator durch vorhandene Einrichtungen ersetzt werden kann:

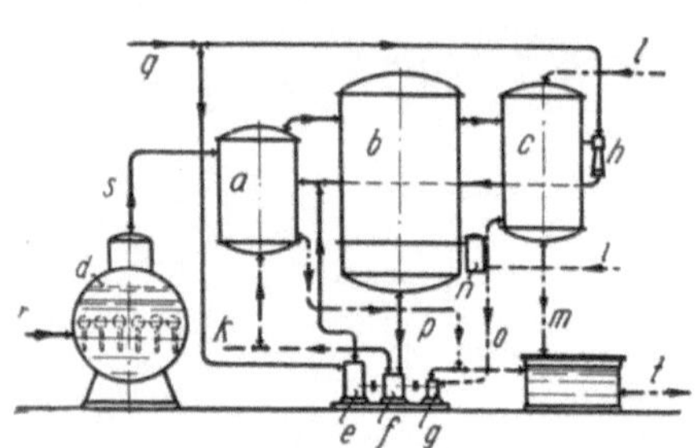

– Dampf, – – – Wasser, – • – • – Destillat und Kondensat. *a* Vorwärmer; *b* Verdampfer; *c* Kondensator; *d* Akkumulator; *e* Antriebsturbine; *f* Umwalzpumpe; *g* Destillatpumpe; *h* Dampfstrahlluftpumpe; *i* Rohwassereintritt; *k* Laugenabfluß; *l* Kondensateintritt; *m* Kondensataustritt; *n* Wasserstandsregler; *o* Destillatleitung; *p* Destillatleitung; *q* Frischdampfleitung; *r* Abdampfleitung; *s* Abdampfleitung; *t* Speisewasserleitung.

Fig. 44. Vakuumverdampfer mit einem Abdampfspeicher.

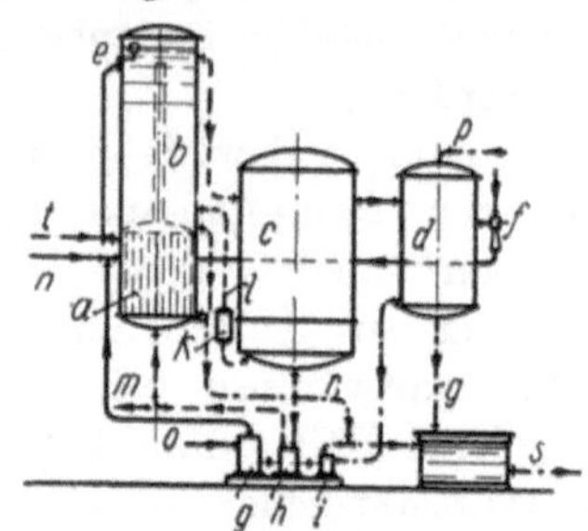

– Dampf, – – – Wasser, – • – • – Destillat und Kondensat. *a* Vorwarmer; *b* Akkumulator; *c* Verdampfer; *d* Kondensator; *e* Schwimmregulierung; *f* Dampfstrahlluftpumpe; *g* Antriebsturbine; *h* Umwälzpumpe; *i* Destillatpumpe; *k* Wasserstandsregler; *l* Rohwasserleitung; *m* Laugenabfluß; *n* Abdampfleitung; *o* Frischdampfleitung; *p* Kondensateintritt; *q* Kondensataustritt; *r* Destillatabfluß; *s* Speisewasserleitung; *t* Rohwassereintritt.

Fig. 45. Vakuumverdampfer in Verbindung mit einem Heißwasserspeicher.

Am naheliegendsten ist es, einen oder mehrere vorhandene Kondensatoren der Hauptturbinen zum Niederschlagen der im Verdampfer erzeugten Brüden auszunutzen. Dieser Weg ist zwar gangbar, erweist sich aber als unwirtschaftlich, weil die ganze Verdampfungswärme dabei vom Kühlwasser des Hauptkondensators aufgenommen wird und somit für eine weitere Ausnutzung verlorengeht. Auf Überseedampfern wird diese Anordnung in den meisten Fällen trotz des Wärmeverlustes gewählt, und zwar lediglich aus Gewichts- und Platzersparnis[2].

Ein weiterer Anwendungsfall ist bei der Verwendung der Verdampferbrüden in einer Großraum-Vakuumheizung gegeben, wenn die Heizkörper als Kondensator dienen. Auch in diesem Falle paßt sich die Verdampferanlage selbsttätig den gewünschten Verhältnissen an. Im Sommer kann in solchen Fällen Warmluft für die Dampfkesselfeuerung durch die Brüden des Vakuumverdampfers erzeugt werden. Auch in Leder-, Papier-, Zuckerfabriken

[1] Näheres vgl. *Balcke*, „Abwärmetechnik" Bd. III, Abschn. 1. Verlag R. Oldenbourg, München-Berlin 1928.

[2] Näheres s. Abschnitt IV_1.

und für viele andere Industrien ist der Vakuumverdampfer als wirtschaftlicher Speisewassererzeuger durch geschickte Verbindung mit anderen Abwärmeverwertern am Platze[1].

Fig. 46a und b zeigen eine Vakuumverdampferanlage in schematischer Darstellung mit einem Sankey-Diagramm zum Nachweis des Wärmeverbleibs bzw. zur Darstellung des Wärmeumlaufs. Während aus dem Schema Fig. 46a der Dampf- und Wasserumlauf ersichtlich ist, zeigt das Wärmeflußdiagramm Fig. 46b die bei der Destillaterzeugung beteiligten Wärmemengen und die Art ihrer Verwendung. Das Beispiel ist für eine Turbinenanlage von 10000 kWh durchgerechnet. Diese wird bei einem Dampfdruck von 16 ata, 350° C Überhitzung und 92 Proz. Luftleere rund 57000 kg/h Dampf verbrauchen. Die Kondensationshilfsmaschinen erfordern für diese Turbinenanlage einen Kraftbedarf von rund 250 PS = 185 kW/h. Als Antriebsorgan ist eine Dampfturbine mit einem Dampfverbrauch von rund 2950 kg/h gewählt. Da auch für die Hilfspumpen der Anlage eine kleine Antriebsturbine und eine Dampfstrahlpumpe mit rund 315 kg/h vorgesehen ist, so stehen zur Destillaterzeugung stündlich insgesamt 3265 kg Abdampf zur Verfügung, womit der Verdampfer rund 3000 kg Nettodestillat erzeugt. Die für die Hauptturbine einschließlich Kondensations- und Verdampferhilfsmaschinen erforderliche Gesamtdampfmenge beträgt somit rund 63265 kg/h, so daß die 3000 kg Netto- bzw. 6265 kg Bruttodestillat für eine Zusatz-Speisewassermenge von 5 Proz. der umlaufenden Speisewassermenge genügen.

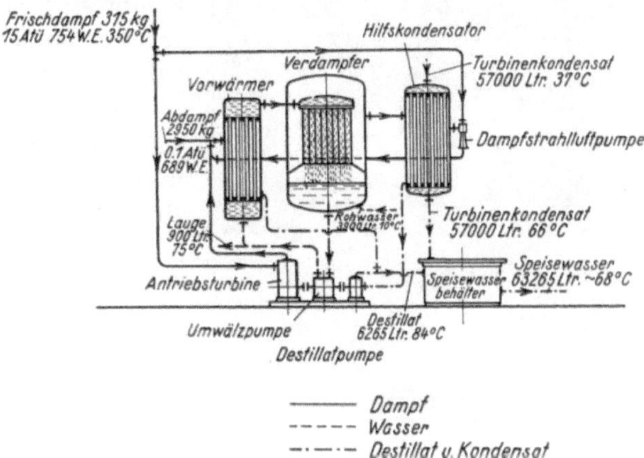

Fig. 46a. Darstellung des Dampf-Wasserumlaufes.

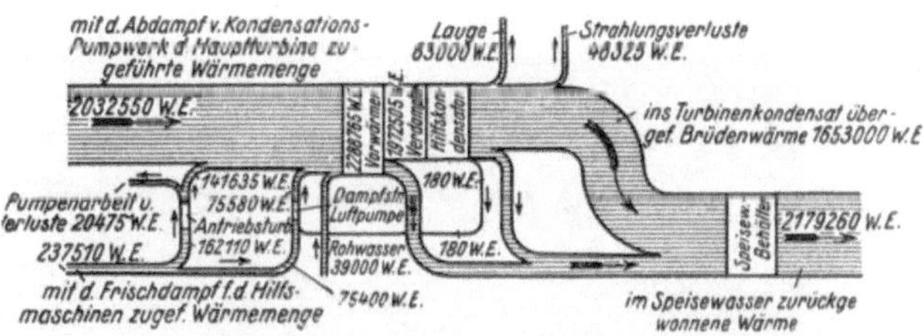

Fig. 46b. Darstellung des Wärmeumlaufes.

Fig. 46a und b. Die Darstellung des Wasser-, Dampf- und Wärmeumlaufes bei einer *Balcke-Bleicken*-Vakuumverdampferanlage für eine Leistung von 3000 kg/h Nettodestillat.

[1] Näheres vgl. *Balcke*, „Abwärmetechnik" Bd. III, Abschnitt 1. Verlag R. Oldenbourg, München-Berlin 1928.

Fig. 47. Einstufiger *Balcke*-Niederdruckverdampfer mit Brüdenverdichter für eine Destillatleistung von 1000 kg/h.

b) Die Niederdruckverdampfer.

Die Niederdruckverdampfer Bauart *Balcke* (Bochum) und der *Atlas-Werke* (Bremen) werden je nach der erforderlichen Leistung ein- und mehrstufig gebaut, und zwar mit einem Brüdenkompressor ohne Kondensator. Dieser arbeitet mit Frischdampf oder mit Entnahmedampf geeigneter Spannung.

Die Wärme des aus dem Rohwasser entwickelten Dampfes wird zur Entwicklung neuer Brüden mit Hilfe eines Brüdenverdichters nutzbar gemacht.

Der Brüdenkompressor saugt die Brüden aus dem Dom des Verdampfers an und drückt sie in den Heizraum. In den Heizrohren des Verdampfers kondensieren die Brüden zusammen mit dem Betriebsdampf des Brüdenkompressors. Das Kondensat wird durch selbsttätige Ableiter zu dem Speisewasserbehälter gefördert. Ein Teil des entwickelten

Fig. 48. Zweistufige Niederdruckverdampferanlage, Bauart „*Balcke*", mit Brüdenkompressor für eine Destillatleistung von 5000 kg/h.

Brüdendampfes wird für die Vorwärmung des Rohwassers in einem Oberflächenvorwärmer benutzt.

Für kleine Destillatmengen genügt in der Regel der einstufige Apparat. Fig. 47 zeigt z. B. einen einstufigen Balcke-Verdampfer für eine Destillatleistung von 1000 kg/h. Dieser arbeitet durch Anwendung des Brüdenverdichters mit niedrigem Dampfverbrauch. Der Apparat erfordert im Betrieb keinerlei Bedienung. Die Rohwasserzufuhr und der Laugenabfluß werden je nach dem Bedarf an Zusatzwasser selbsttätig geregelt. Der Platzbedarf ist infolge der gedrungenen Bauart gering. Das Heizelement kann, wenn eine unzulässige Verschmutzung eintritt, nach Lösen einiger Schrauben leicht aus dem Verdampfungsraum herausgefahren und gereinigt werden.

Fig. 49. *Atlas* - Niederdruckverdampferanlage mit 2 Brüdenkompressoren für eine für 3000 kg/h-Nettodestillatleistung.

Für größere Betriebe kommt die Verbundanordnung der Verdampfer in Betracht. Diese liefert mit 1 kg Frischdampf bis zu 5 kg Destillat (Nettoleistung). Fig. 48 zeigt eine solche Anlage, Bauart *Balcke* (Bochum), für 5000 kg/h (Destillatleistung), während Fig. 49 einen *Atlas*-Niederdruckverdampfer für 3000 kg Nettoleistung mit 2 Strahlverdichtern und 2 Heizsystemen darstellt. Die Strahlverdichter werden mit 32 atü Frischdampf betrieben. Der Heizdampfdruck beträgt 0,5 atü.

Fig. 50 zeigt das Destillationssystem *Prache & Boullion*, Paris, für Speisewasser. Der mit Kesseldruck in den Thermokompressor *a* eingeführte Frischdampf wird entspannt, wodurch ein zusammenhängender Kreislauf durch Aussaugen des Siededampfes und dessen Umformung in Heizdampf entsteht. Der Frischdampf wird bei *b* in den Thermokompressor eingeführt und saugt den Siededampf durch den geöffneten Schieber *c* an. Das Gemisch von entspanntem Frischdampf und komprimiertem Siededampf tritt durch den Rohranschluß *d* in die Heizkammer *e*, in welcher der Heizdampf kondensiert und dabei annähernd die gleiche Menge Rohwasser, das vorher auf 100° C erwärmt worden ist, verdampft. Das Rohwasser fließt unter der Einwirkung des Schraubenrades *f* vom Gefäß nach dem Vorwärmer *h*, in dem es auf etwa 100° C erwärmt wird. Durch das Absetzbecken *i* fließt es sodann dem Verdampfer zu, in welchem es durch das Schraubenrad *k* in stetigem Kreislauf gehalten und teilweise auf seinem Wege durch das Röhrenbündel verdampft wird, während ein kleiner Teil des nicht verdampften Wassers mit den organischen Verunreinigungen durch einen Stutzen entweicht. Der größte Teil des Siededampfes wird durch den Thermokompressor *a* angesaugt, der der Frischdampfmenge entsprechende Rest in den Vorwärmer *h* geleitet. Das destillierte Wasser tritt durch die Anschlüsse *m* aus. Die mit atmosphärischem Druck den Anschluß *n* austretenden kleinen Dampfmengen können zu Heiz- oder Trockenzwecken verwendet oder im Speisewasserbehälter kondensiert werden.

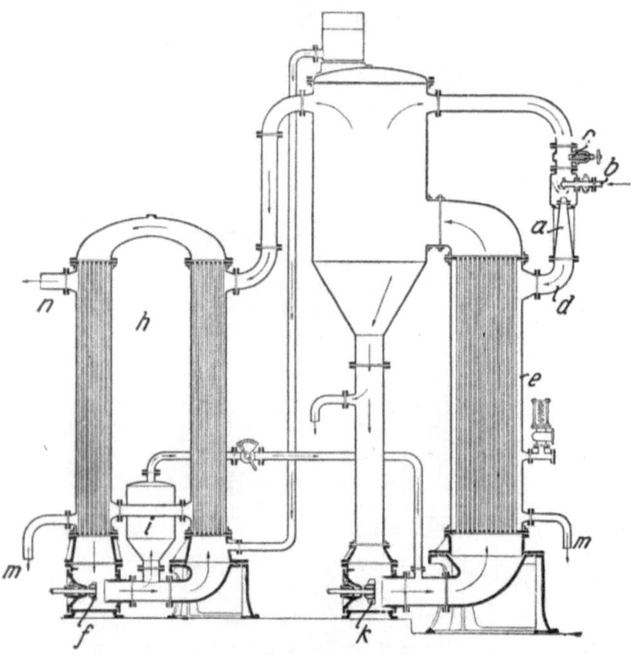

Fig. 50. Destillationsverdampfer für Speisewasser, Bauart *„Prache & Boullion"*.

Bei dem geringen Heizdampfdruck, der nur wenig über 1 ata liegt, kann die Temperatur des zu verdampfenden Wassers höchstens etwa 100° C betragen. Die schwefelsauren Steinbildner und Chloride können demnach im Verdampfer nicht ausfallen. Diese bleiben vielmehr bei dieser Temperaturstufe im Wasser gelöst und werden mit dem Laugenabfluß abgeführt. Wenn das einzudampfende Rohwasser derart viel kohlensaure Steinbildner enthält (also eine hohe temporäre Härte aufweist), daß eine zu rasche Verschmutzung eintritt, so kann das Rohwasser vor Eintritt in den Verdampfer geimpft werden[1]. Bei dem Impfverfahren werden die nur mit etwa 20 bis 90 mg in 1 l Wasser löslichen kohlensauren Salze durch geregelten Versatz mit 10 proz. Salzsäurelösung in Chloride von der hohen Löslichkeit von 4000000 mg/l umgesetzt. Diese Chloride gehen mit dem Laugenabfluß fort,

[1] Siehe „Kondensatwirtschaft" des Verf., S. 133ff. Verlag R. Oldenbourg, München-Berlin 1927. Das Verfahren ist sinngemäß auch bei Vakuumverdampfern anwendbar.

ohne daß die Abflußmenge — eben infolge der hohen Löslichkeit — vergrößert zu werden braucht.

Fig. 51a und b verdeutlicht den Wärmeumlauf bei den vorbesprochenen Niederdruckverdampfern mit Brüdenverdichtern. Es ist als Beispiel eine Anlage von 3700 kg/h Destillatleistung gewählt. Das Schema Fig. 51a zeigt wieder den Dampf- bzw. den Wasser- und Destillatkreislauf und das Schema Fig. 51b den zugehörigen Wärmekreislauf.

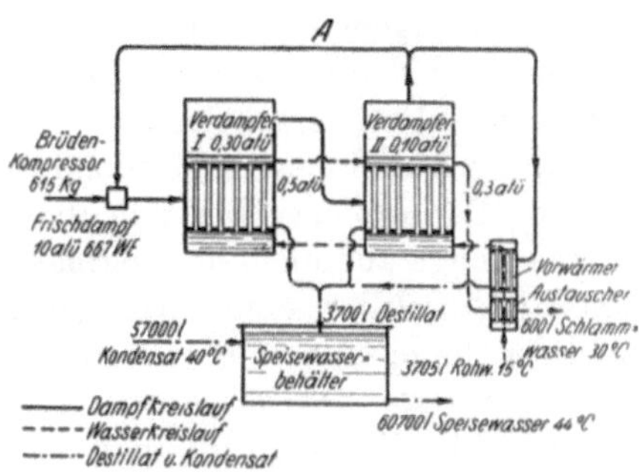

Fig. 51a. Darstellung des Dampf-Wasserumlaufes.

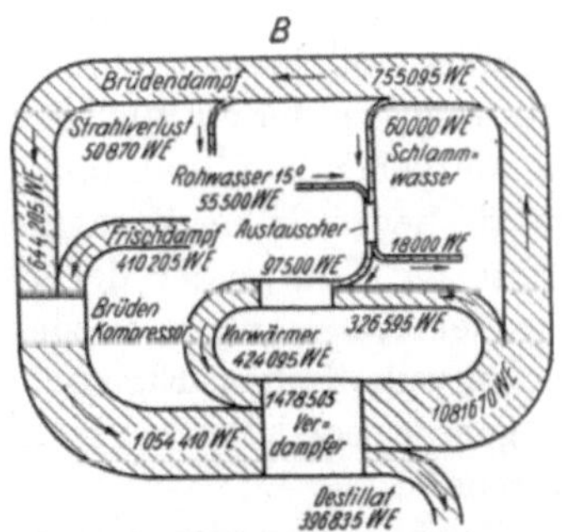

Fig. 51b. Darstellung des Wärmeumlaufes.

Fig. 51a und b. Die Darstellung des Wasser-, Dampf- und Wärmeumlaufes bei einer zweistufigen *Balcke*-Niederdruckverdampferanlage für eine Destillatleistung von 3700 kg/h.

Der Frischdampf tritt mit Kesselspannung in den Brüdenkompressor ein und expandiert hier auf etwa 0,5 atü, wobei der Druck in Geschwindigkeit umgewandelt wird. Hierdurch werden im Vorraum des Kompressors die Brüden aus dem Verdampfer angesaugt und mit dem Frischdampf in den Heizraum des Verdampfers hineingedrückt. Hierbei werden die angesaugten Brüden von 0,1 auf 0,5 atü verdichtet und infolge der dadurch bedingten Temperaturerhöhung wieder mit zur Verdampfung weiterer Wassermengen herangezogen.

Das Frischdampf-Brüdengemisch heizt also den Verdampfer I, wobei der Heizdampf kondensiert wird und als heißes Destillat abfließt. Die im Verdampfer I erzeugten Brüden treten als Heizdampf von 0,3 atü in den Verdampfer II über und werden hier unter gleichzeitiger Bildung neuer Brüden zu Destillat verdichtet. Von den im Verdampfer II erzeugten Brüden von 0,1 atü wird der größte Teil vom Brüdenkompressor angesaugt und, wie oben beschrieben, vor der Kondensation zur Heizung bzw. zur Destillaterzeugung herangezogen, während der Rest zur Vorwärmung des Rohwassers dient und im Oberflächenvorwärmer als Destillat gewonnen wird. Wie aus dem Wärmeschaubild der Fig. 51 zu ersehen ist, fällt durch Verwendung des Brüdenkompressors ein besonderer Kondensator fort; auch werden die im Verdampfer II erzeugten Brüden zum größten Teil zur Destillaterzeugung und damit nicht zu einer zwangsmäßigen Speisewassererwärmung benutzt. Der schwache Konstruktionsteil der besprochenen Niederdruckverdampfer ist zweifellos der Brüdenverdichter. Die eingehenden Untersuchungen von

Flügel[1] haben gezeigt, daß die Wirtschaftlichkeit der Wärmepumpe von sehr vielen Umständen abhängt; vor allem soll die Verdichtung der Brüden möglichst niedrig (unter 1:3) gehalten werden, weil sonst der Wirkungsgrad des Verdichters zu schlecht wird.

c) Die Hochdruckverdampfer.

Das Übergehen auf höhere Drücke bei dem Bau neuzeitlicher Dampfkraftwerke ist auf das Bestreben zurückzuführen, ein größeres Druckgefälle nutzbringend zu verarbeiten.

Ein kennzeichnendes Merkmal des Hochdruckdampfes besteht darin, daß dieselbe Dampfmenge bei bedeutend kleineren Anfangsvolumen eine größere Wärmemenge aufzunehmen vermag als Dampf von niedrigerer Spannung, ein Umstand, welcher eine sparsame Wärmewirtschaft der Gesamtanlage bei richtiger Kupplung aller Einzelapparate ermöglicht. Je höher der Druck ist, unter dem das Wasser steht, desto mehr Wärme kann dasselbe aufnehmen, bis die Dampfbildung eintritt, um so geringer ist andererseits die aufzuwendende Verdampfungswärme.

Der Wärmekreislauf zwischen Kessel- und Turbinenanlage ist derartig durchzubilden, daß ein möglichst hoher Prozentsatz der aus der Kesselanlage kommenden und in den Turbosätzen nicht in mechanische bzw. elektrische Energie umgewandelten Wärme wieder in die Kesselanlage zurückgeführt wird. Durch weitgehende Vorwärmung des Speisewassers mittels Entnahmedampf unter zwischenzeitlicher Zusatzdestillaterzeugung gelingt es, einen großen Teil der sonst im Kühlwasser der Kondensatoren nutzlos ins Freie abgehenden Wärme der Kesselanlage wieder zuzuführen.

Die physikalischen Eigenschaften des Wassers als Wärmeträger ermöglichen gerade bei höheren Drücken eine durchgreifende Anwendung dieses Verfahrens.

Die Hochdruckverdampfer werden als Mehrkörperverdampfer gebaut. Die erste Stufe (oder Körper) wird mit Frischdampf, Entnahmedampf oder mit dem Abdampf von Gegendruckmaschinen beheizt.

Durch Aufteilung der Leistung in eine mehr oder weniger große Anzahl Verdampferstufen läßt sich der Dampfverbrauch der Destillationsanlage so niedrig halten, daß auch bei weitgehender Stufenvorwärmung des Speisewassers die Abwärme aus dem letzten Verdampfer von dem Turbinenkondensat aufgenommen werden kann, so daß lediglich Wärmeverluste durch Strahlung und Laugenabfluß entstehen. Infolge des größeren Wärmegefälles, welches bei der Verwendung von Anzapfdampf gegebenenfalls auch von Abdampf aus den Speise- und Hilfspumpen verfügbar gemacht werden kann, besonders dann, wenn die Restbrüdenkondensation im Vakuum erfolgt, erhalten die einzelnen Verdampfer kleinere Abmessungen als die Verdampfer mit Brüdenkompressor, ganz abgesehen davon, daß der als schwacher Konstruktionsteil anzusprechende Brüdenkompressor bei dieser Bauart ganz entfällt. Die verkleinerten Abmessungen erleichtern naturgemäß auch wesentlich das Heraus-

[1] Zeitschrift des Vereins deutscher Ingenieure 1920, S. 954 u. 986.

fahren der Heizkörper für die Reinigung. Fig. 52 zeigt z. B. das Heizsystem eines Atlasverdampfers. Zur Erleichterung der Handhabung und Reinigung ist das System auf Rollen ausfahrbar. Es besteht aus einzelnen gegen die Deckel gezogene Rohrregister, die nach Lösen der auf dem Deckel sichtbaren Überwurfmuttern abgezogen werden können, so daß jedes einzelne Rohr der Reinigung zugänglich gemacht wird. Wenn die Größe des Systems ein bestimmtes Maß überschreitet, so ist es zweckmäßig, dasselbe zu unterteilen, um das Aggregat handlicher zu machen. Ein unterteiltes Heizsystem zeigt Fig. 53.

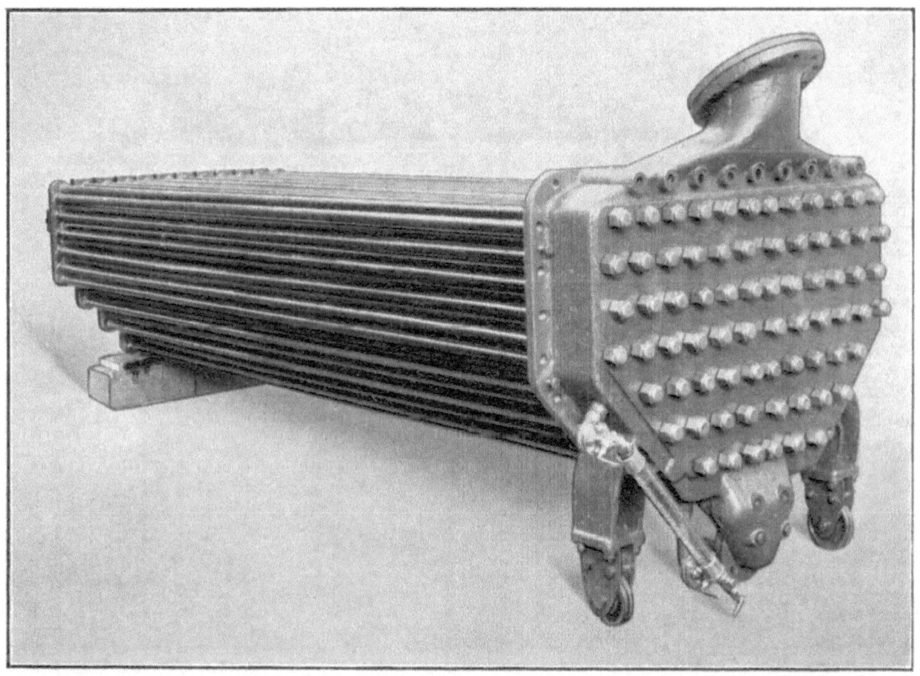

Fig. 52. Herausgezogenes Heizsystem eines *Atlas*-Hochdruck-Verdampfers.

Der Betrieb kann in der Weise erfolgen, daß dem ersten Verdampfer Entnahmedampf der Hauptturbine oder der Auspuffdampf der Hilfsturbine zugeführt wird. Hier kondensiert er unter gleichzeitiger Entwicklung von neuen Brüden niedrigerer Spannung aus dem Rohwasser. Diese Brüdendämpfe dienen als Heizdampf für den zweiten Verdampfer. In diesem und in den folgenden Apparaten spielt sich der gleiche Vorgang ab, bis der in der letzten Stufe entwickelte Brüden (niedrigster Spannung) in einem Oberflächenkondensator niedergeschlagen wird, für welchen aus wärmewirtschaftlichen Gründen soweit möglich das Kondensat der Hauptturbine als Kühlwasser verwendet wird. Der Brüdendampf der letzten Stufe kann aber auch bei entsprechender Brüdenspannung unmittelbar in einer Mischvorrichtung, z. B. im Speisewasserbehälter selbst, eingeführt und niedergeschlagen werden.

Die Dampfmenge, die zum Verdampfen von Rohwasser benötigt wird, richtet sich nach der gewählten Anzahl der Verdampferkörper. Bei einem Betriebe mit einem Apparat ist zur Verdampfung von 1 kg Rohwasser 1,1 kg Heizdampf erforderlich, bei zwei hintereinandergeschalteten Apparaten kann der vom ersten Verdampfer erzeugte Dampf zum Heizen des zweiten Verdampfers benutzt werden. Der Dampfverbrauch zum Verdampfen von 1 kg Rohwasser verringert sich durch diese Maßnahme auf etwa 0,7 kg und bei drei hintereinander geschalteten Apparaten auf etwa 0,55 kg.

Fig. 53. Zweistufen-Verdampfer für ein russisches Hüttenwerk mit unterteiltem Heizsystem. Bauart „*Atlas-Werke*“, Bremen.

Fig. 54 zeigt den *Seiffert*-Verdampfer als Vertreter der Bauart mit stehendem Heizrohrsystem. Es handelt sich allerdings um eine in dieser Form veraltete Bauart, welche hier nur zur Kennzeichnung des Entwicklungsganges kurz erwähnt werden soll.

Bei diesem Schnellstrom-Umlaufverdampfer wird ein gleichmäßiger Umlauf des Wassers in der Weise herbeigeführt, daß in den äußeren Rohrreihen das Wasser mit dem erzeugten Dampf nach oben strömt, worauf sich der Dampf im Oberteil des Verdampfers ausscheidet und das nicht verdampfte

Wasser durch die innere Rohrgruppe nach unten fließt. Der Umlauf wird durch eine erzwungene Führung des Heizdampfes um die Rohre verursacht. Eine lebhafte Umwälzung des Wassers im Apparat ist notwendig, um eine annehmbare Leistung der Heizfläche zu erzielen und die Inkrustationen in den Heizrohren in etwa einzuschränken.

Ein Wasserstandsregler dient dazu, den Flüssigkeitsspiegel im Verdampfer auf gleichmäßiger Höhe zu halten, hierdurch wird der Betrieb selbsttätig geregelt.

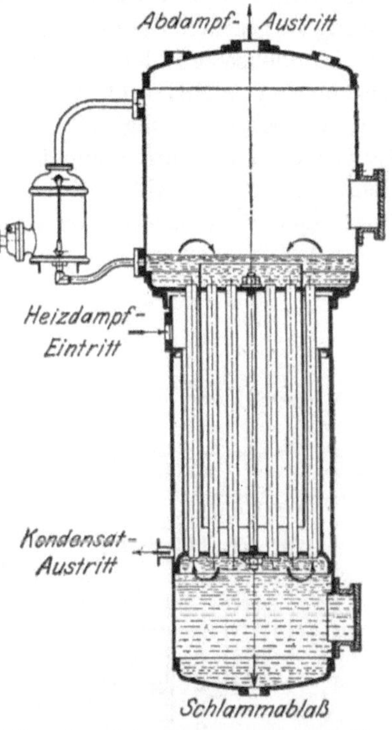

Fig. 54. Schnellstrom - Umlauf - Verdampfer veralteter Bauart.

Der Verdampfer wird aus Schmiedeeisen hergestellt. Der Ober- und Unterteil kann durch die angeordneten Einsteigöffnungen befahren werden, so daß eine Reinigung der geraden Rohre ohne Ausziehung des Heizrohrsystems möglich ist.

Als neuzeitliche Bauart eines Verdampfers mit senkrecht stehender Heizfläche ist in Fig. 55 der Verdampfer der Firma *Zimmermann & Co.*, Ludwigshafen, abgebildet.

Der Aufbau des Verdampfers ist grundsätzlich dadurch festgelegt, daß zur Übertragung der Wärme ein Siederohrbündel mit vertikal stehenden Rohren dient. Dieses Siederohrbündel ist auf dem Verdampferunterteil aufgebaut, welches auch die Heizdampfzuleitung sowie die Kondensatabflußleitung trägt. Zur leichten Fortbewegung ist der gesamte Verdampferunterteil auf Rollen gelagert. Die Konstruktion des Verdampfers Fig. 55 ist so gehalten, daß der austretende Brüdendampf durch Drehschaufeln im oberen Teil in rotierende Bewegung versetzt und mittels eines konzentrisch angeordneten Mantels eine scharfe Richtungsumkehr bedingt wird. Hierbei scheiden sich die Wassertröpfchen aus.

Zum Zwecke der Reinigung wird zunächst der auf dem Verdampferdom angeordnete Deckel geöffnet und das Verdampferunterteil an der vorgesehenen Öse mittels eines Hakens gefaßt. Nach Lösen des unteren Hauptflansches am Verdampfermantel sind lediglich noch die Flanschen für die Heizdampfzuleitung und die Kondensatableitung zu lösen, um das Verdampferunterteil abfahren zu können. Die Reinigung des Heizbündels kann an einem beliebigen Orte erfolgen.

Die Saugleitung zur Laugenpumpe ist am Mantel des Verdampfers derartig angeordnet, daß beim Ausbau des Verdampferbündels dieselbe nicht gelöst zu werden braucht. Die Dichtung des Hauptflansches am unteren Mantel besteht aus zwei kräftigen nebeneinander liegenden Gummirundschnüren, zwischen welche Sperrwasser eingeführt wird, so daß eine absolute Dichtheit auch bei Vakuumbetrieb gegen eintretende Luft erzielt wird. Das im Verdampfer zur Verdampfung gebrachte Rohwasser wird als Brüdendampf in dem Brüdenkondensator niedergeschlagen. Die Bauart des Brüdenkondensators geht aus Fig. 56 hervor. Wenn im Dampfraum desselben Unterdruck herrscht, so wird eine Luftabsaugeleitung vorgesehen, die mit der Luftpumpe des Kondensators der Hauptturbine in Verbindung steht, um die Erzeugung und Aufrechterhaltung der erforderlichen Luftleere zu gewährleisten. Das im Brüdenkondensator gebildete Kondensat kann über einen Kondensatkühler dem Hauptkondensator zugeleitet werden. Der Kondensatkühler wird in einfachem Fluß von dem Speisewasser durchströmt, wobei das Brüdenkondensat, welches durch eingebaute Scheidewände im Querstrom zu den Rohren des Heizbündels geführt wird, sich abkühlt. Die Temperatur des gekühlten Brüdenkondensates ist bei Eintritt in den Hauptkondensator nur wenig höher als die Temperatur des Hauptkondensates. Durch die Einführung des Brüdenkondensats in den Hauptkondensator wird nochmals eine kräftige Entlüftung desselben erzielt.

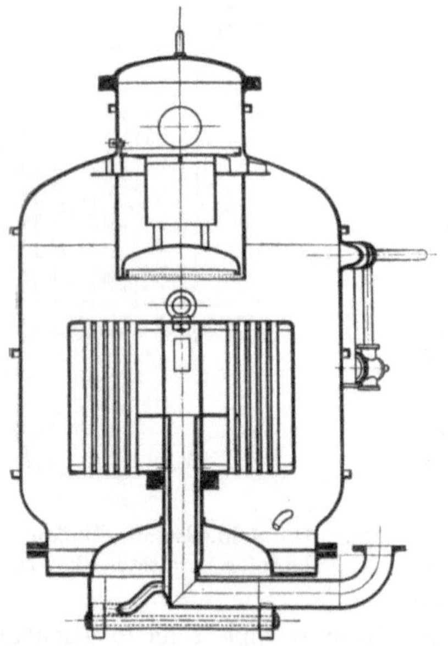

Fig. 55. Verdampfer mit rückstehender Heizfläche. Bauart „*Zimmermann & Co.*“, Ludwigshafen a. Rh.

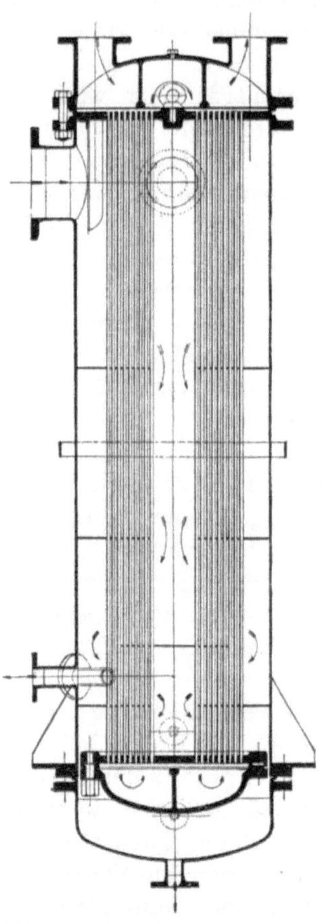

Fig. 56. Brüdenkondensator. Bauart „*Zimmermann & Co.*“, Ludwigshafen a. Rh.

Die Wahl stehender Heizrohre bringt den Vorteil, daß sich der im Laufe der Zeit absetzende Kesselstein leicht lösen und frei in den Unteil fallen kann, von wo seine Entfernung durch das Mannloch möglich ist. Andererseits kann aber eine reichliche Außendampffläche bei größeren Verdampfungsleistungen nur mit Schwierigkeiten erzielt werden.

Aus diesem Grunde sind die *Atlas-Werke* (Bremen), *Schmidt-Söhne* (Hamburg) und *Balcke* (Bochum) seit langem zur liegenden Bauart des Heizrohrsystems übergegangen. (S. Fig. 52, 53 und 57).

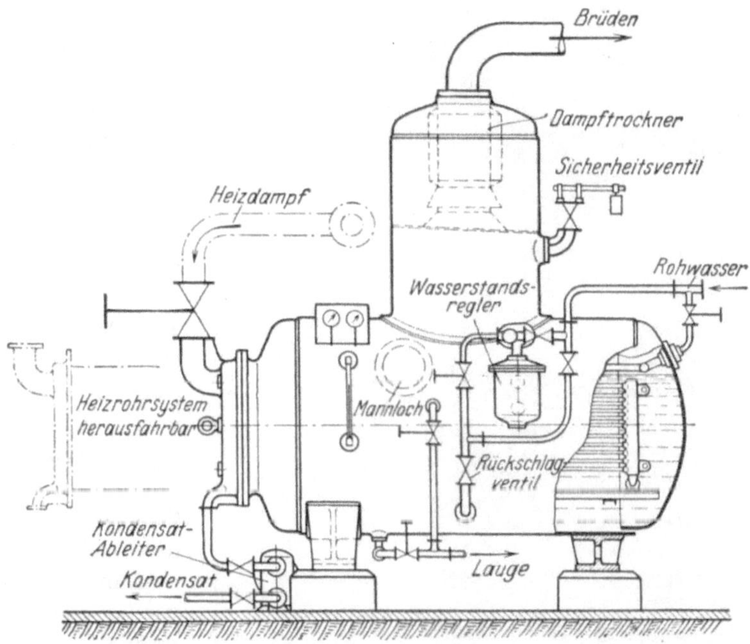

Fig. 57. Liegender einstufiger Verdampfer. Bauart „*Schmidt - Söhne*", Hamburg.

Fig. 57 zeigt einen einstufigen Hochdruckverdampfer liegender Bauart der Firma *C. A. Schmidt-Söhne,* Hamburg. Er besteht aus einem liegenden zylindrischen Körper, in welchem sich das zu verdampfende Rohwasser befindet. In diesen Zylinder ist das Heizaggregat eingesetzt, welches das Rohwasser zum Sieden bringt. Dasselbe besteht aus einem Bündel gerader Heizrohre, welches durch Abnehmen einiger Kopfschrauben leicht aus dem Verdampferraum ausgefahren werden kann. Der entwickelte Brüden tritt in den Dampfdom ein, der so groß gehalten ist, daß die zum Kondensator überdestillierenden Brüden nur eine ganz geringe Strömungsgeschwindigkeit erhalten. Hierdurch wird vermieden, daß Rohwasser mit den Brüden in den Kondensator herübergerissen wird, wodurch das sich bildende Destillat sehr erheblich verunreinigt werden könnte. Eine räumlich reichliche Ausbildung des Dampfdomes und der Einsatz eines sorgfältig durchkonstruierten Wasserabscheiders zur Verhütung des Mitreißens von Rohwassertropfen sind für einen einwandfrei arbeitenden Verdampfer absolutes Erfordernis.

Fig. 58 zeigt einen stehenden Verdampfer mit liegendem Spiralrohrheizsystem und Fig. 59 eine mit solchen im Schiffbau üblichen Verdampfern ausgerüstete Anlage in dem Kraftwerk Hamburg-Neuhof. Die Fig. 60 zeigt den Lageplan dieser aus drei zweistufigen Verdampfern bestehenden Gesamtanlage mit einer Leistung von 20000 kg/h Destillat. Das Heizsystem ist durch Öffnen des vorderen Deckels leicht herausfahrbar. Es kann auch jede einzelne Schlange für sich zwecks Reinigung oder Wiederinstandsetzungsarbeiten ausgebaut werden. Der obere Teil des stehenden Verdampfers bildet wieder den Brüdenraum[1].

Fig. 58. Stehender Hochdruckverdampfer mit liegender Spiralrohrheizfläche.

Fig. 61 veranschaulicht die Wirkungsweise einer zweistufigen *Atlas*-Verdampferanlage[2]. Die schematisch dargestellte Anlage arbeitet in der Weise, daß das Rohwasser vor dem Eintritt in den Verdampfer f_1 durch einen Mischvorwärmer b und ein Filter e hindurchgeht. In dem Mischvorwärmer wird es durch den Brüdendampf des Verdampfers bei wiederholtem Umlauf bis zur Entgasungstemperatur vorgewärmt, wobei Sauerstoff und Kohlensäure ausgeschieden

[1] Näheres s. Abschnitt IV, Die Speisewasseraufbereitung im Schiffbau.

[2] Siehe auch „Die thermische Speisewasseraufbereitung" von *Blaum* (Bremen). Zeitschrift des Vereins deutscher Ingenieure 1927, Nr. 9, S. 285ff.

und die durch Kohlensäure gebundenen Carbonate zum Teil ausgefällt werden. In dem nachgeschalteten Filter werden die ausgefällten Stoffe zurückgehalten. Das Wasser tritt bereits mit stark verminderter Härte in den zweistufigen Verdampfer ein; hier wird es bei möglichst niedriger Spannung verdampft. Die Brüden werden dem Mischvorwärmer und gleichzeitigen Entgaser *k*, durch den das ganze Kondensat fließt, zugeführt und erwärmen das Kondensat. Damit die Entgasung möglichst hoch getrieben wird, wird im Entlüfter ein der Mischtemperatur entsprechender Unterdruck

Fig. 59. Verdampferanlage Bauart „*Schmidt-Söhne*“, Hamburg, für das Kraftwerk Hamburg-Neuhof (s. a. Fig. 58 und 60).

durch Wasserstrahl-Luftpumpen hergestellt[1]. Vom Mischvorwärmer *k* muß das Speisewasser unmittelbar den Kesselspeisepumpen zufließen und darf nicht wieder Gelegenheit haben, mit dem atmosphärischen Sauerstoff in Berührung zu kommen. Der vor den Mischvorwärmer geschaltete Speisewasserbehälter *h* soll Ungleichheiten im Wasserverbrauch ausgleichen. Die Wärmemenge, welche das Kondensat im Mischvorwärmer aufnehmen kann, hängt von dem Verhältnis der Menge des Zusatzwassers ab. Je geringer diese ist und je höher die Temperatur gewählt werden kann, mit der das Speisewasser dem Kessel zufließt, um so günstiger wird die Anlage in wärmewirtschaftlicher Hinsicht. Die Menge des Brüdendampfes hängt davon

[1] Siehe auch Abb. 79 und 80, S. 93 u. f.

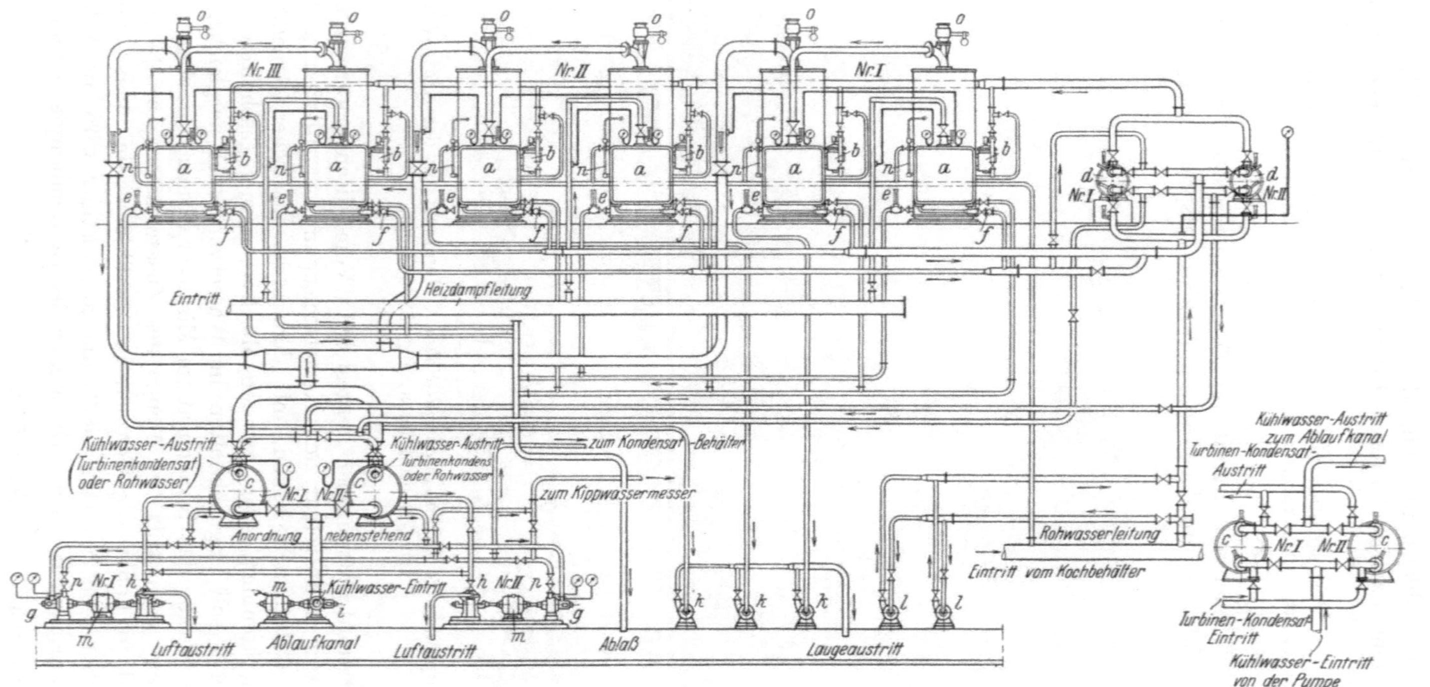

Fig. 60. Lageplan der Großverdampferanlage Bauart „*Schmidt-Söhne*“, Hamburg, für das Kraftwerk Hamburg-Neuhof, für eine Destillatleistung von 20000 kg/h.

ab, ob ein- oder mehrstufig verdampft wird. Hiernach richten sich naturgemäß auch die Beschaffungskosten.

Fig. 62 zeigt das Schaltbild einer dreistufigen Atlas-Verdampferanlage für eine Destillatleistung von 7000 kg/h; dazu werden stündlich 135000 kg Kondensat vor Eintritt in die Kesselanlage entgast.

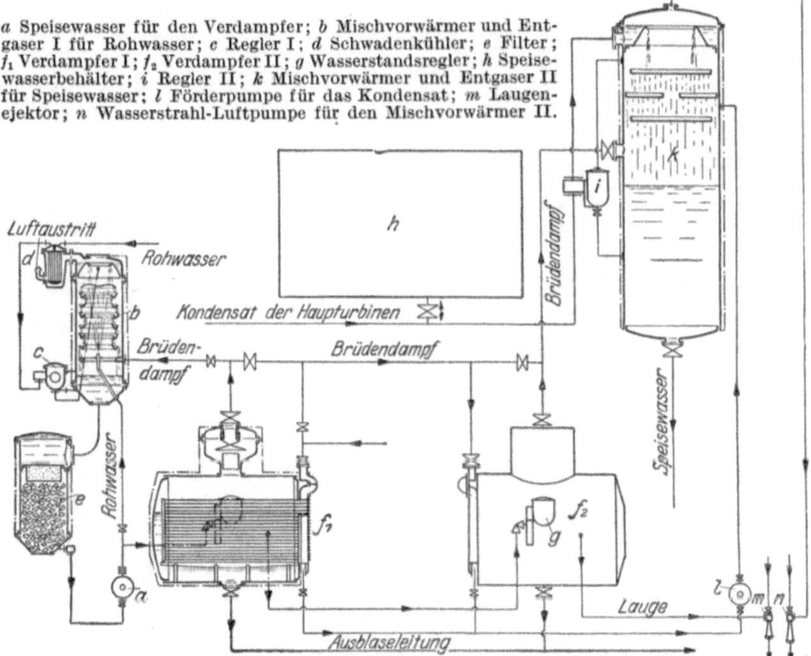

a Speisewasser für den Verdampfer; *b* Mischvorwärmer und Entgaser I für Rohwasser; *c* Regler I; *d* Schwadenkühler; *e* Filter; f_1 Verdampfer I; f_2 Verdampfer II; *g* Wasserstandsregler; *h* Speisewasserbehälter; *i* Regler II; *k* Mischvorwärmer und Entgaser II für Speisewasser; *l* Förderpumpe für das Kondensat; *m* Laugenejektor; *n* Wasserstrahl-Luftpumpe für den Mischvorwärmer II.

Fig. 61. Darstellung der Wirkungsweise einer zweistufigen *Atlas*-Verdampferanlage.

Nach dem Verfahren der Atlas-Werke wird der der letzten Stufe nachgeschaltete Brüdenkondensator im allgemeinen als Mischvorwärmer ausgebildet, in dem gleichzeitig das gesamte Speisewasser entgast wird.

In Industriekraftwerken (Textil, Papier, Leder u. a.) besteht häufig die Möglichkeit, den Brüden zur Erwärmung von Fabrikationswarmwasser zu verwerten. Da gerade in Industriebetrieben der Zusatzwasserbedarf durch Kondensatabfluß oft sehr hoch ist, so ist durch die Abführung der Kondensationswärme des niederzuschlagenden Brüdendampfes an Gebrauchswasser für den Betrieb die Möglichkeit gegeben, 5—10 Proz. überschreitende Zusatzwassermengen wirtschaftlich und mit geringen Anschaffungskosten zu erzeugen.

Die Schaltung einer beispielsweisen Anlage zeigt Fig. 63. — Es fallen hier rund 22 t verhältnismäßig warmes Fabrikkondensat aus den Heiz- und Kochanlagen und rund 48 t/h Turbinenkondensat an, die durch

36 t/h Zusatzdestillat aufzufüllen sind. Die Zusatzwassererzeugung beträgt also 45 Proz. vom anfallenden Kondensat. Trotzdem ist es möglich, diese große Zusatzwassermenge in einer zweistufigen und daher verhältnismäßig billigen Verdampferanlage aufzubereiten, da außer dem Speisewasser auch etwa 120 t/h Rohwasser für Fabrikationszwecke von 13 auf 60° C erwärmt werden sollen.

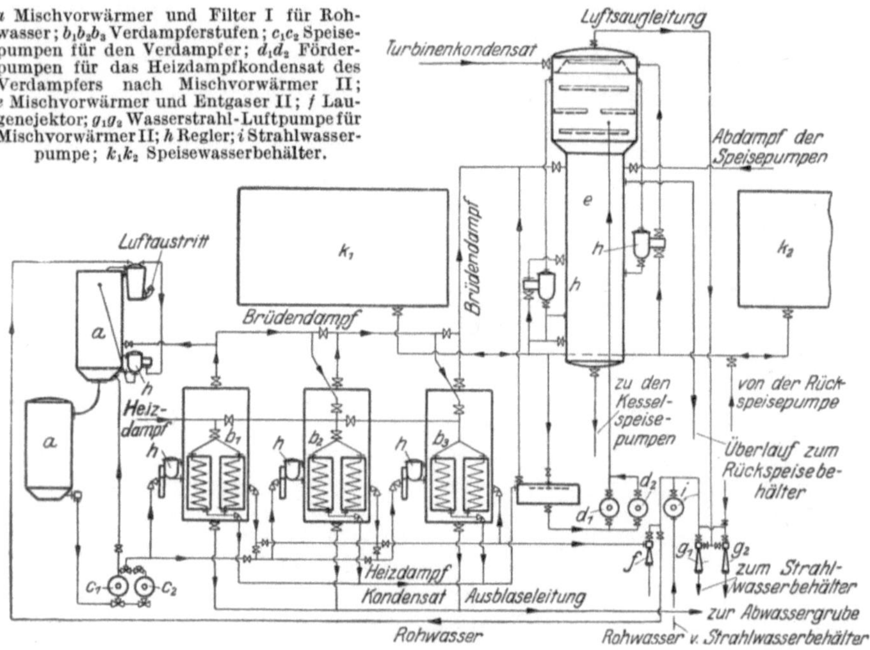

Fig. 62. Das Schaltbild einer dreistufigen *Atlas*-Verdampferanlage für eine Destillatleistung von 7000 kg/h und Entgasung einer Kondensatmenge von 135000 kg/h.

Die Anlage arbeitet im übrigen wie folgt:

Das Fabrikationswasser wie auch das Verdampferspeisewasser werden in dem Kondensator G_2 erwärmt, das Verdampferspeisewasser tritt dann in die Rohwasservorreinigung ein, die aus dem Mischvorwärmer B und dem Filter C besteht. Aus diesem wird das aufbereitete Rohwasser in die hintereinandergeschalteten Verdampferstufen gespeist; aus der letzten Stufe wird zur Begrenzung der Salzanreicherung eine bestimmte Rohwassermenge durch einen Ejektor J als Laugenabfluß abgesogen. Die Verdampferanlage wird durch gesteuerten Turbinenentnahmedampf beheizt. Die in der Anlage erzeugten Brüden werden zum Teil in einem Mischvorwärmer G_1 niedergeschlagen, dem auch das Heizdampfkondensat zugeführt wird, und der gleichzeitig als Entgaser für das gesamte Speisewasser dient. Aus dem Mischvorwärmer läuft das Speisewasser durch einen Warmwasserbehälter einer Vorwärmepumpe Z zu, die es nach weiterer Erwärmung in einen Oberflächenvorwärmer M in den der Kesselspeisepumpe vorgeschalteten Druckspeicher fördert.

Durch eine Thermosteuerung wird erreicht, daß die im Mischvorwärmer G_1 nicht niederzuschlagenden Verdampferbrüden dem Kondensator G_2 zugeführt werden, welcher — wie bereits oben erwähnt — zur Erwärmung des Verdampferspeisewassers und des Fabrikationswarmwassers dient.

Trotz des hohen Zusatzwasserbedarfs arbeitet die Anlage, wie aus dem Wärmeflußbild (Fig. 64) hervorgeht, thermisch geschlossen, d. h. es treten Wärmeverluste nicht auf, wenn man von dem Laugenverlust und dem naturgemäß auch bei einfacher Vorwärmung ohne Destillation unvermeidlichen Leitungs- und Strahlungsverlust absieht.

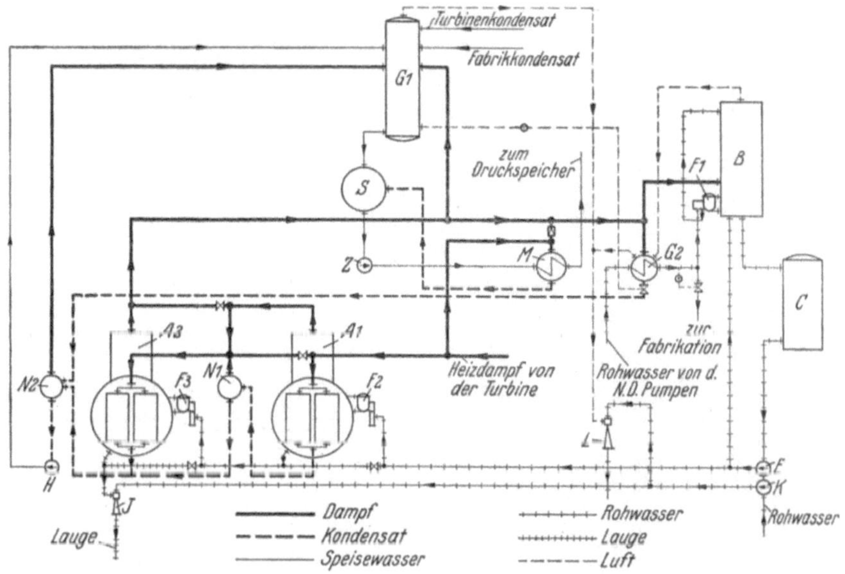

Fig. 63. *Atlas*-Verdampferanlage zur Erzeugung großer Kondensatmengen (s. a. Fig. 62).

Fig. 65 und 66 zeigen als Beispiel einer gekuppelten Verdampfer- und Speisewasser-Vorwärmeranlage für ein Industriekraftwerk, eine Ausführung der Firma *Zimmermann & Co.*, Ludwigshafen, für Mont Cenis, Sodingen. Die Destillatleistung der Verdampferanlage beträgt 3000 kg/h.

Einen Überblick über die ganze Schaltung der Vorwärmer- und Verdampferanlage und die Einfügung in den Wärmekreislauf gibt das Schaltschema Fig. 65.

Es bedeuten:

A Verdampfer erste Stufe,
B Verdampfer zweite Stufe,
C Selbsttätiger Rohwasser-Schwimmer-Regler,
D Rohwasser-Entlüfter.
E Rohwasser-Vorwärmer,
F Laugepumpe,
G Brüdenkondensator,
H Kondensatkühler,

I Heizdampfkondensatpumpe,
K Niederdruckvorwärmer,
L Mitteldruckvorwärmer,
M Hochdruckvorwärmer
N Mitteldruck- (Zusatz) Pumpe.

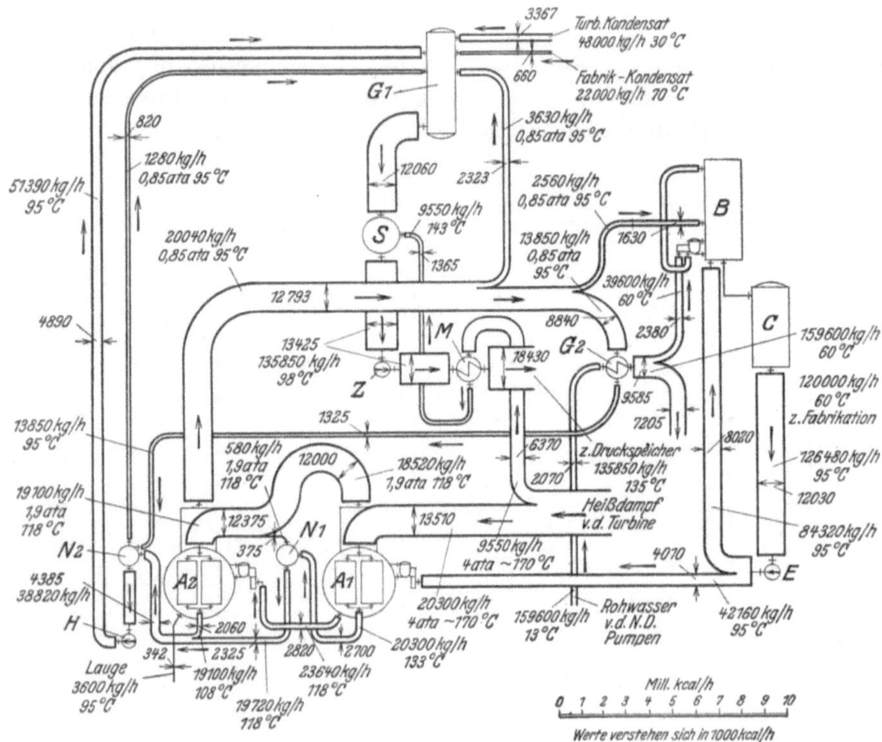

Fig. 64. Wärmeflußbild zur *Atlas*-Anlage Fig. 63.

Rohrleitungen:

1 Rohwasserzufuhrung,
2 Heizdampfleitung für Verdampfer,
3 Brüden-Hilfsleitung zum Turbinenkondensator,
4 Brüdenleitung zum Brüdenkondensator,
5 Entnahme-Heizdampfleitung zum Niederdruckvorwärmer,
6 Entnahme-Heizdampfleitung zum Mitteldruckvorwärmer,
7 Entnahme-Heizdampfleitung zum Hochdruckvorwärmer,
8 Brüdenkondensat-Rückleitung zum Turbinenkondensator,
9 Luftabsaugung des Brüdenkondensators,
10 Luftabsaugung des Niederdruckvorwärmers,
11 Laugenabflußleitung,
12 Sicherheitsleitung.

Fig. 66 zeigt den konstruktiven Aufbau dieser Vorwärmer- und Verdampferanlage.

Die Hauptapparate der Verdampferanlage sind die beiden Verdampfer (*A* und *B*) und der Brüdenkondensator (*G*). Im normalen Betrieb erhält der Verdampfer als Heizdampf in erster Linie den Abdampf der Hilfsturbine zum Antrieb der Kondensationspumpen und zusätzlich hierzu Entnahme-

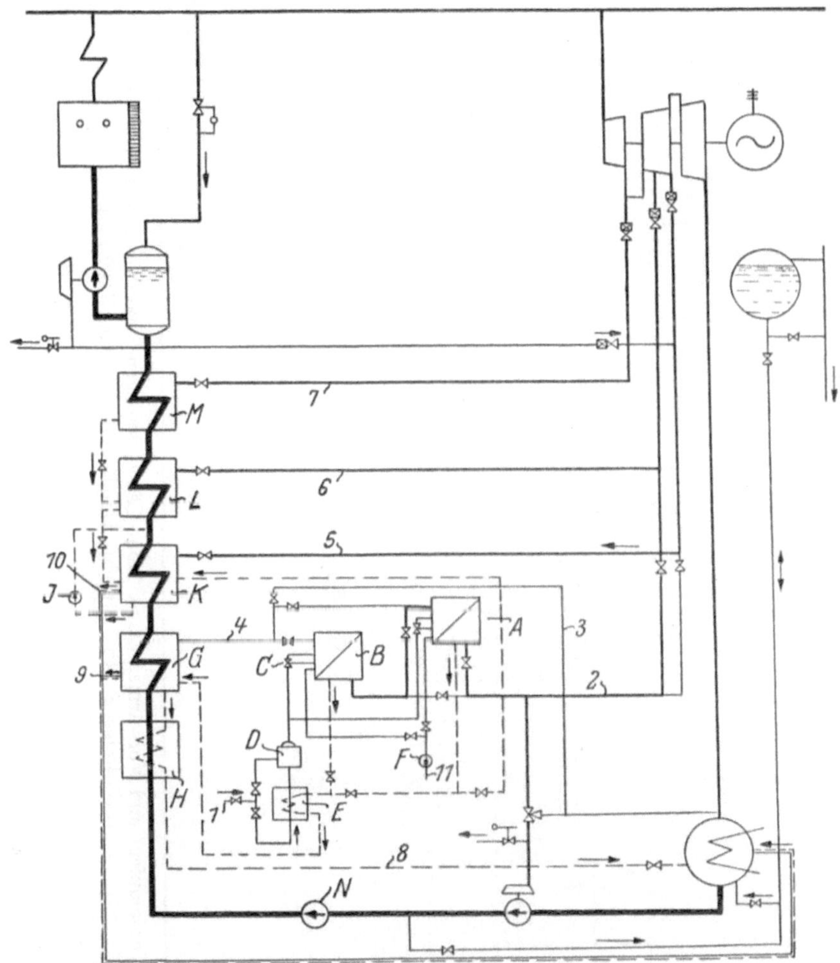

Fig. 65. Schema für eine Verdampfer- und Vorwärmeranlage für Mont Cenis, Sodingen. Bauart „*Zimmermann & Co.*“, Ludwigshafen.

dampf aus der Anzapfstelle in der Mitte des Mitteldruckzylinders einer dreizylindrigen BBC-Hauptturbine. Die Verdampferanlage arbeitet zweistufig. Die Leitungsführung ist jedoch so gestaltet, daß beide Verdampfer auch parallel arbeiten können. Die Heizdampf- wie die Brüdendampfseite erhalten in diesem Falle den gleichen Druck. Gegebenenfalls können bei plötzlichem Bedarf von abnormal großen Zusatzspeisewassermengen die erzeugten Brüden gemeinsam über eine besondere Hilfsleitung (3) dem Hauptkondensator

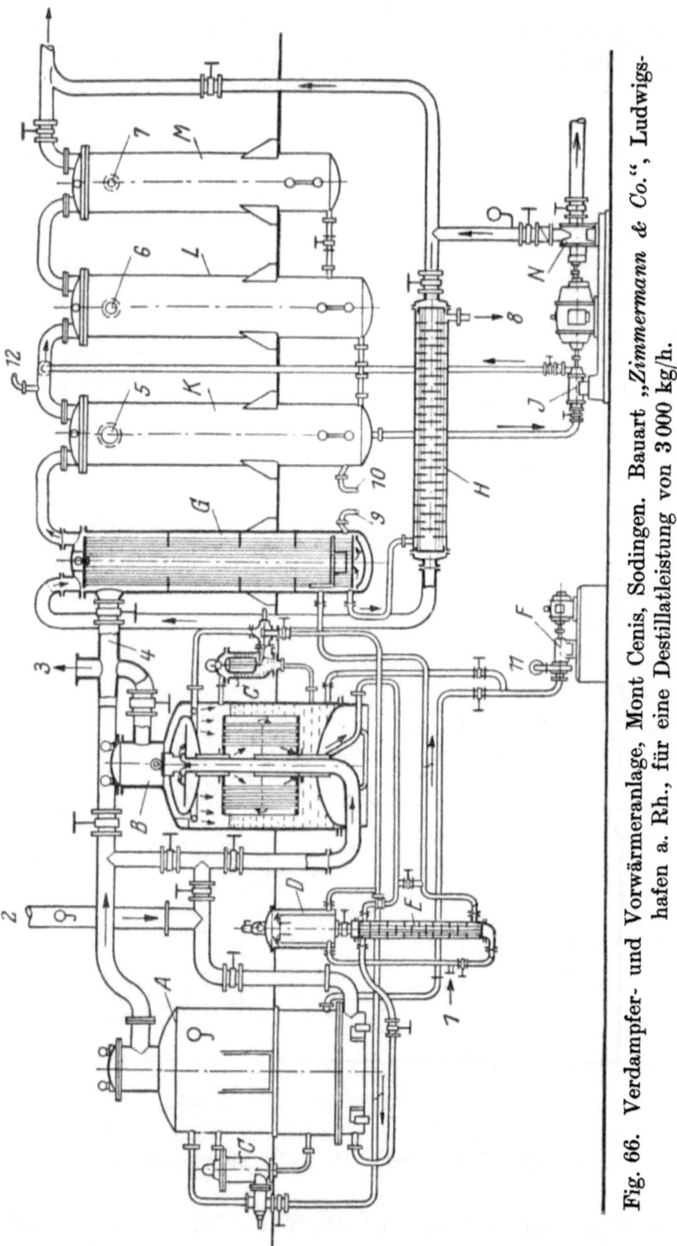

Fig. 66. Verdampfer- und Vorwärmeranlage, Mont Cenis, Sodingen. Bauart „*Zimmermann & Co.*", Ludwigshafen a. Rh., für eine Destillatleistung von 3000 kg/h.

der Turbinenanlage zugeführt werden. Diese Schaltung darf jedoch nur im Notfalle angewendet werden, weil hierbei die Verdampfungswärme des Brüdens in das Kühlwasser des Turbinenkondensators übergeführt wird, während bei normalem Betrieb diese Wärme dem Speisewasserkreislauf wieder zugeführt wird.

Das Heizdampfkondensat der Verdampfer dient zum Vorwärmen des Rohwassers. Es ist von Wichtigkeit, eine Vorwärmung des Rohwassers vorzunehmen, da sich bei der Erwärmung eine gute Entlüftung ermöglichen läßt und gleichzeitig die Leistung der Verdampfer in günstigem Sinne beeinflußt wird. Im Rohwasservorwärmer (E) wird das heiße, aus dem Heizrohrbündel des Verdampfers (B) stammende Kondensat abgekühlt und hierdurch das Rohwasser erwärmt. Infolge des Druckunterschiedes, der normal zwischen Heizdampfseite und Brüdenseite des Verdampfers herrscht, fließt das gekühlte Kondensat dem Brüdenkondensator zu. Bei zweistufiger Schaltung der Verdampfer wird das Heizdampfkondensat des ersten Verdampfers (A) in den Niederdruckvorwärmer eingeleitet. Da der Druck im Niederdruckvorwärmer geringer ist als der Heizdampfdruck des ersten Verdampfers, der dem Entnahmedruck Mitte Mitteldruckzylinder entspricht, so fließt das Heizdampfkondensat infolge des Druckunterschiedes dem Niederdruckvorwärmer zu. Der Rohwasservorwärmer ist so gebaut, daß das kalte Wasser in geradem Fluß durch die Rohre strömt, während das heiße Kondensat mittels besonders eingebauter Scheidewände in mehrfacher Querablenkung um die Rohre geführt wird. Das vorgewärmte Rohwasser tritt mit geringer Geschwindigkeit in senkrechtem Strom nach oben in den Entlüfter ein und wird mittels eines Führungsbleches, das konzentrisch mit dem äußeren Mantel angeordnet ist, an der oberen Deckelseite umgelenkt. Die sich abscheidenden Luftblasen sammeln sich am Deckel an; die Luft wird mittels eines Schwimmerventils selbsttätig ausgestoßen.

Vom Entlüfter wird das Rohwasser den selbsttätig arbeitenden Rohwasser-Schwimmerreglern der Verdampfer zugeführt, um den Wasserstand in den Verdampfern stets auf der einmal eingestellten Höhe zu halten.

Fig. 67 zeigt als Beispiel einer Verdampferanlage mit einer chemischen Vorreinigung für ein Kraftwerk die von den *Atlas-Werken*, Bremen, gelieferte Verdampfer-, Vorwärmer- und Entgasungsanlage für Kraftwerk Elbing der *Ostpreußen A.-G.*, Königsberg. Die Schaltung ist gemeinsam mit den S.S.W. entworfen. Die Arbeitsweise ist an Hand der Figur folgende:

Das Verdampferspeisewasser wird zunächst in einer chemischen Reinigung entkarbonisiert und dann in den Verdampfer A gespeist, welcher mit dem Gegendruckdampf der Hausturbine beheizt wird. Seine Brüden werden in einem Mischvorwärmer und Entgaser G_1 niedergeschlagen. Es ist ein Hilfskondensator G_2 vorgesehen, der durch Rohwasser gekühlt wird und welcher es in Notfällen ermöglichen soll, Destillat über die Aufnahmefähigkeit des Mischvorwärmers hinaus zu erzeugen bzw. bei Abschaltung des Verdampfers den Hausturbinen-Gegendruckdampf niederzuschlagen. Das Turbinen- und Heizdampfkondensat werden in den Kondensatbehältern S_1 gesammelt und über den Regler F_3 durch das Vakuum in den Mischvorwärmer gesaugt. Für den Notfall ist ein Regler F_4 vorgesehen, durch den Kondensat in den Unterteil des Entgasers eintritt, damit die Kesselspeisepumpe Z nicht abreißen kann. Ein Überfluten des Mischvorwärmers G_1 wird durch einen barometrischen Überlauf verhindert, welcher in den Rückspeisebehälter S_2

eintaucht, aus dem nach Bedarf durch eine Pumpe H_2 Kondensat in die Behälter S_1 zurückgefördert wird.

In der Kesselspeisedruckleitung sind 2 weitere Oberflächenvorwärmer M_1 und M_2 eingeschaltet, durch die das Speisewasser vor Eintritt in die Kessel auf eine Endtemperatur von 165° C durch Hilfsturbinen-Entnahmedampf

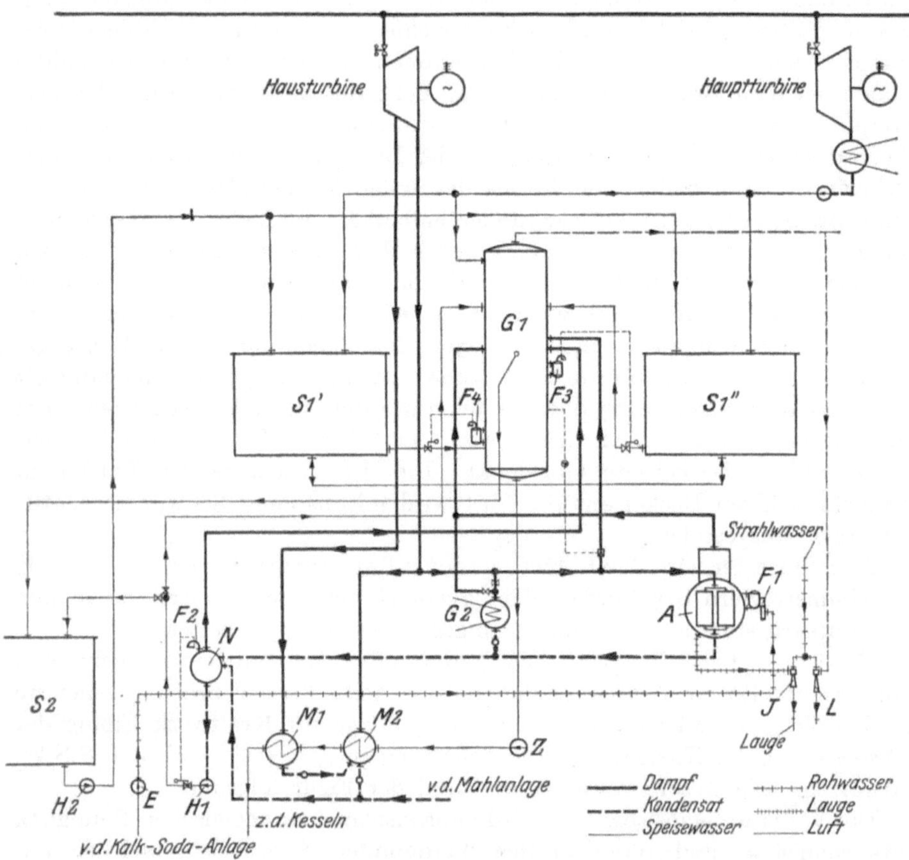

Fig. 67. Schaltung der *Atlas*-Verdampfer-Vorwärmer- und Entgasungsanlage für das Kraftwerk Elbing (s. a. Fig. 68).

gebracht wird. Die Hausturbine ist, wie bei Großkraftwerken jetzt vielfach üblich, überhaupt nicht angezapft.

Die Verdampferanlage erzeugt 3,2 t/h. Nettodestillat und wird durch Gegendruckdampf von 3 ata beheizt. Der Wärmefluß der Anlage geht aus Fig. 68 hervor.

Fig. 69 zeigt eine Dreikörper-Verdampferanlage der Firma *Balcke*, Bochum, für ein westfälisches Bergwerk. Mit 8000 kg/h Abdampf, aus Fördermaschinen von nur 1,03 ata Betriebsdruck, leistet diese Anlage täglich 430 cbm Nettodestillat. Es sind zwei übereinanderliegende Brüdenkondensatoren vorgesehen. Der Raumbedarf beträgt 10 m Länge, 4,5 m Breite und 4,0 m Höhe.

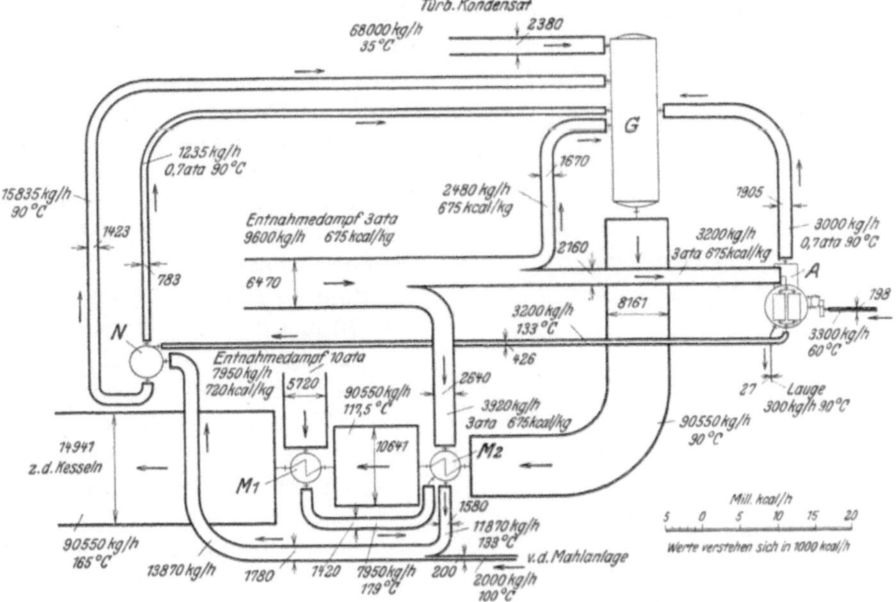

Fig. 68. Wärmeflußbild zu Anlage Fig. 67.

Die abgebildeten Verdampfer arbeiten zum Teil mit Impfanlagen als Vorreinigung. Die Impfung des Rohwassers[1] hat sich bei großer Carbonathärte sehr bewährt. Die Carbonate werden durch dosierten Zusatz einer 10pr. Salzsäurelösung z. T. in leichtlösliche Chloride übergeführt[2].

Fig. 69. Dreikörper-Verdampferanlage für 430 cbm tägliche Nettodestillatleistung.

[1] Näheres über das Impfverfahren s. *Balcke*, „Die Kondensatwirtschaft" Abschnitt 3. Verlag R. Oldenbourg, München-Berlin 1927.

[2] Die Carbonate sind nur löslich im Wasser bei Gegenwart von freier CO_2; wird deren Menge, z. B. durch Erwärmung des Wassers, vermindert, so fallen die doppeltkohlensauren Salze in entsprechendem Grade aus. Durch die Impfung wird dem Wasser so viel freie Kohlensäure zugeführt, daß die Carbonate auch beim Erwärmen nicht ausfallen. Es wird also in dem Wasser eine gewisse Menge freier Kohlensäure entwickelt, und zwar so viel, wie zum Löslichhalten der Carbonate bei der zu erwartenden Erwärmung erforderlich ist. Die dem Wasser zugesetzte Impfsäure verwandelt einen Teil der in Lösung befindlichen Carbonate in Chloride, indem sie die Kohlensäure daraus verdrängt.

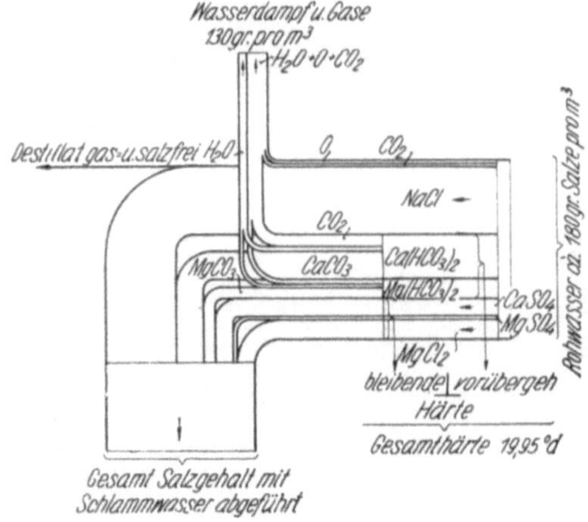

Darstellung der Wasserenthärtung nach dem Destillierverfahren.

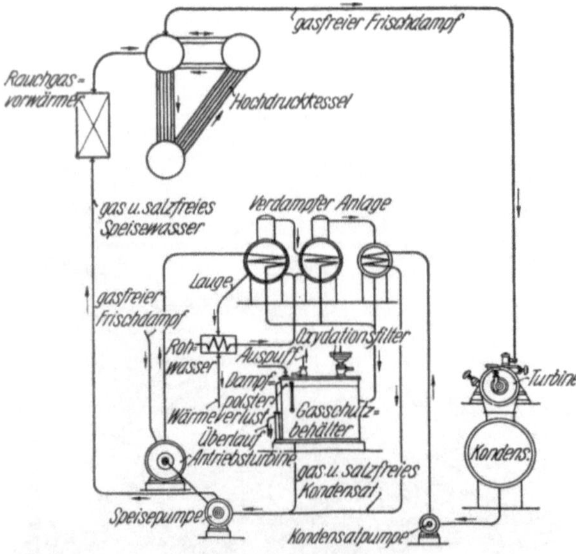

Darstellung des Salzgehaltes, Gasgehaltes und der Wärmeverluste bei dem Destillierverfahren. Kesselleistung: 10000 kg Dampf je Stunde. Speisewasser: 5 Proz. Zusatzwasser und 95 Proz. Kondensat.

Fig. 70. Darstellung des Enthärtungsvorganges in einer Destillieranlage und der zugehörige Wasser-, Salz- und Wärmeverlauf im Kesselbetriebe.

Eine zu weit gehende Konzentration der Chloride muß durch einen entsprechenden Laugenabfluß vermieden werden. Der Zweck, die Heizflächen möglichst lange von Inkrustationen freizuhalten, ist jedenfalls auf diesem Wege bei entsprechender Rohwasserbeschaffenheit erreichbar.

Zum besseren Vergleich ist in Fig. 70 auch das Destillierverfahren als Sankey-Diagramm aufgezeichnet. Als Rohwasser ist wieder das der Zahlentafel 1 (S. 39) zugrunde gelegt. Aus dem Diagramm ist zu ersehen, daß sämtliche freie Gase des Rohwassers sowie die halbgebundene Kohlensäure der Bicarbonate als Gase nach oben entweichen. Die Salze werden, da das Destillierverfahren ein rein thermisches Verfahren ist, im Verdampfer zum Teil als Stein an den Heizrohren abgelagert, während der Rest und die Chloride mit der Lauge abgelassen werden. Nach links verläuft dann im Diagramm das salz- und gasfreie Destillat. Der Wasser- und Wärmeverlauf beim Destillierverfahren ist ebenfalls in Fig. 70 dargestellt.

Der *Szamatolski*-Hochdruck-Verdampfer sucht die Rauchgasabwärme der Kesselanlage für Destillationszwecke nutzbar zu machen. Genau wie beim *Bleicken*-Vakuumverdampfer tritt das Wasser gegenüber dem im Verdampfer herrschenden Druck überhitzt ein, wird aber dann durch einen Düsenstock fein zerstäubt.

Durch die Zerstäubung soll eine feine Zernebelung erzielt werden (und zwar ähnlich wie bei dem in Abschnitt II_5 zu beschreibenden, unter Vakuum arbeitenden, kalten Entgasungsverfahren der Firma *Balcke*) zum Zwecke der vollkommenen Entgasung. Bei der Einstäubung von Wasser durch eine geeignete Düse in einen Raum, welcher unter Vakuum steht, müssen die einzelnen Tröpfchen des zerstäubten Wasserstrahles bei Eintritt in das Vakuum zerplatzen, weil der Tropfen in seinem Kern eine höhere Spannung besitzt, wie dem umgebenden Drucke entspricht. Wird der Wasserstrahl in einen Raum gestäubt, welcher nicht unter Vakuum, sondern im Gegenteil unter Überdruck steht, so tritt zwar die vorgeschilderte Erscheinung infolge des Druckunterschiedes vor und hinter der Düse gleichfalls auf, aber bei weitem nicht mit der Heftigkeit, wie bei der Einstäubung in einen Vakuumraum. Man wird also bei allen unter Überdruck stehenden Verdampfern den Vorgang des Zerplatzens dadurch gewaltsam steigern müssen, daß man die Tropfen in möglichst feiner Form mit möglichst hoher Geschwindigkeit aufeinanderprallen läßt, damit sie beim gegenseitigen Aufprall infolge der frei werdenden kinetischen Energie völlig zerplatzen. Je feiner die Tropfen sind, um so höher ist der thermische Wirkungsgrad des nebenherlaufenden Verdampfungsprozesses, weil eine schnelle Wärmeabgabe nur an der Oberfläche eines Tropfens möglich ist. Die Wärmeleitfähigkeit nimmt von der Oberfläche eines Tropfens zum Kern bekanntlich äußerst stark ab.

Der Arbeitsvorgang beim Szamatolski-Verfahren ist im übrigen an Hand der Fig. 71 der folgende:

Dem Economiser *1* wird aus dem Fuße des Verdampfers *8* durch die Leitung *2* mit Hilfe der Pumpe *3* Wasser von 130° C zugeführt und auf 102 bis 103° C erwärmt.

Durch die Fortsetzung der Leitung *2* kommt das heiße Wasser in den Entkalker und Entlüfter *4*, obgleich es selbst einer Entkalkung nicht mehr bedarf. Dem Entkalker wird aber durch die Leitung *5* mit eingeschalteter Pumpe auch das notwendige unreine Zusatzwasser mit 33° C zugeführt, nachdem es in dem Vorwärmer *6* durch die durch das Rohr *7* abfließende heiße Lauge von etwa 8° C Eintrittstemperatur auf diese mittlere Temperatur erwärmt worden ist. In dem Entkalker entsteht ein Wassergemisch von 160° C. Das Wasser hält sich in dem Entkalker längere Zeit auf, die kohlensauren und schwefelsauren Härtebildner scheiden sich aus, ebenso der größte Teil der Luft. Die Steinbildner schlagen sich an geeigneten Vorrichtungen, wie Bleche, nieder; der Stein wird von Zeit zu Zeit entfernt, die Luft wird zeitweilig oder ständig abgeblasen.

Das vorgereinigte Wasser tritt durch die Leitung *9* in den Düsenstock *10* des Verdampfers *8*. Hier wird es durch eine oder mehrere Düsen mit oder ohne Prallfläche zerstäubt und zum Teil verdampft. Der nicht verdampfte Teil sammelt sich am Fuße des Verdampfers und tritt von neuem den Kreislauf durch Erhitzer, Entkalker und Verdampfer an.

Der erzeugte Dampf gelangt mit dem im Verdampfer ausgeschiedenen Rest an atm. Gasen durch Leitung *11* und Wasserabscheider *12* in den Niederschlagapparat *13*, wo er zu Destillat niedergeschlagen wird, wobei die Verdampfungswärme in das den Oberflächen-Niederschlagsapparat als Kühlmittel durchlaufende Kondensat übergeht, die Luft zurückbleibt und abgeblasen wird. Eine kleine Pumpe *14* drückt das gewonnene Destillat durch Leitung *15* in den Kondensatkreislauf, der unter Kesseldruck steht.

Der Hauptvorteil des *Szamatolski*-Verfahrens liegt auf wärmewirtschaftlichem Gebiete, weil der Entsteinungs- und Entgasungsprozeß mit sehr geringem Arbeitsaufwand in einem Nebenprozeß unter Ausnutzung eines Teiles der fühlbaren Rauchgaswärme fast kostenlos durchgeführt werden kann. Dies ergibt sich aus folgendem Rechnungsbeispiel: Ein bestehender Economiser möge das gesamte Speisewasser einer Dampfturbinenanlage unter Kesseldruck um 60 ° C vorwärmen. Der Dampfverbrauch der zugehörigen 1000-kW-Kondensationsturbine möge 6 kg/kWh, also bei Vollbetrieb

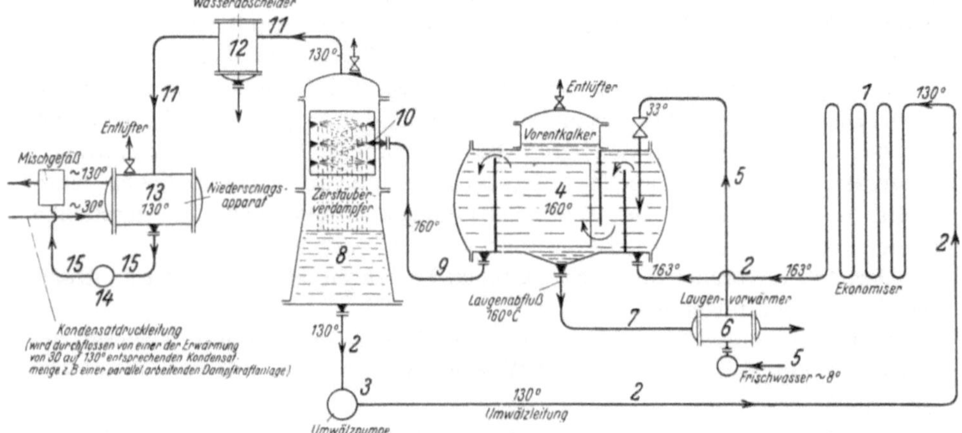

Fig. 71. Schematische Darstellung des Hochdruck-Destillationsverfahrens nach *Szamatolski*.

6000 kg/h betragen. Ohne Berücksichtigung der Verluste werden alsdann 6 cbm Wasser stündlich um 60 ° C erwärmt, wozu 360000 kcal/h den Rauchgasen entzogen werden. Man kann nun diesen Erwärmungsprozeß in zwei voneinander unabhängige Prozesse teilen, bei dem in jedem Prozeß 6 cbm um 30 ° C erwärmt werden. Der Economiser muß in diesem Falle geteilt werden, wenigstens soweit der Wasserumlauf in Frage kommt. Der erste Teil muß unter 8 ata Druck arbeiten, der zweite unter Kesseldruck oder unter dem Druck, unter dem er bisher stand. Im ersten Teil werden stündlich 6 cbm Umlaufwasser von 130 ° C Anfangstemperatur auf 162 bis 163 ° C erwärmt. Dieses Wasser macht den Kreislauf durch die vorbeschriebene Verdampferanlage und gibt 30 ° C von seiner Temperatur durch Vermittlung des erzeugten Dampfes an das Kondensat bzw. Speisewasser des Kessels ab. Das Speisewasser geht dann weiter durch den zweiten Teil des Economisers, nimmt den Rest der Wärme auf und gelangt mit derselben Temperatur in die Kessel wie früher. Nebenbei aber ist eine Destillatmenge gewonnen, welche als Zusatzwassermenge vollkommen genügt. Das Umlaufwasser ist imstande, 180000 kcal zur Dampf- bzw. Destillatbildung herzugeben, gleich theoretisch 300, praktisch mindestens 240 kg Destillat stündlich, gleich 4 Proz. der Speisewassermenge. Entspricht dieser Prozentsatz nicht der gewünschten Destillatmenge, so läßt sich ohne weiteres eine Vergrößerung oder Verkleinerung durch eine Veränderung der Wärmeentziehung im ersten Teil des Economisers, durch Veränderung der Umlaufwassermenge oder durch Veränderung der Temperaturdifferenz zwischen Erhitzer und Verdampfer erzielen.

Der Arbeitsaufwand der Verdampferanlage ist sehr gering. Bei gutem Wärmeschutz der Anlage kann die Wärmeausstrahlung so vermindert werden, daß dieser Verlust außer acht gelassen werden kann. Die drei kleinen Pumpen verbrauchen bei der beispielsweisen Anlage 5 bis 6 PS. Die Wärme, die durch den Laugenabfluß verloren geht, ist bei 60 kg/h Laugenabfluß nicht höher als 1980 kcal/h.

Die Firma *Balcke*, Bochum, gibt an, daß das in einer richtig konstruierten Verdampferanlage erzeugte Destillat nur noch etwa 2 bis 3 mg Chlor und höchstens 8 bis 12 mg Trockenrückstand im Liter bei einer Härte von etwa $^1/_4{}^\circ$ deutsch aufweisen darf, wobei in diesem Trockenrückstand weder Kieselsäure, noch organische Stoffe festgestellt werden dürfen. Verfasser hat aber bei schlecht gewarteten Anlagen auch Trockenrückstände von 20 bis 30, ja von 70 mg/l und auch kieselsaure Salze im Destillat feststellen müssen, so daß die *Balcke*schen Angaben zum mindesten gut gewartete Anlagen zur Voraussetzung haben.

5. Die Entgasungsverfahren.

Über die zerstörende Wirkung gashaltigen Speisewassers auf die Wandungen der Kessel, Vorwärmer, Rohrleitungen und Armaturen war in der Einleitung auf S. 9 u. f. ausführlich eingegangen worden, und zwar wirken sowohl der Sauerstoff als auch freie Kohlensäure einzeln und in noch verschärftem Maße bei gleichzeitigem Vorhandensein auf die Metalle ein.

Die Anfressungen von Metallen werden in allererster Linie durch schwache elektrische Ströme bei Gegenwart von Sauerstoff (Luft) im Wasser hervorgerufen. Zwischen den einzelnen Materialteilchen bis herab zu den Gefügekörnern bestehen elektrische Spannungsdifferenzen, die in Gegenwart eines Elektrolyten (Wasser) schwache elektrische Ströme erzeugen und somit eine Lösung des Eisens an einzelnen Stellen bewirken.

Man hat in der Erkenntnis dieser Zusammenhänge versucht, in den gegen Anfressungen zu sichernden Kesselteilen u. dgl. Sekundärströme künstlich zu erzeugen, indem man durch diese Teile einen dem Primärstrom entgegengerichteten Strom leitet, z. B. beim Cumberland-Verfahren. Wenn solche Verfahren in den meisten Fällen kein befriedigendes Ergebnis hatten, so ist die Ursache darin zu suchen, daß es praktisch unmöglich ist, den Schutzstrom in ausreichender Stärke auf alle zu schützenden Teile gleichmäßig zu verteilen. Wo dies, wie beispielsweise bei einem einzelnen Rohr erreichbar war, blieben selbst bei stark kohlensäurehaltigem Wasser Anfressungen aus oder kamen zum Stillstand. Für Kessel mit sehr verzweigten Konstruktionsteilen kommt daher das elektrische Schutzverfahren praktisch nicht in Frage.

Man hat versucht, die Luft mechanisch aus dem Wasser durch erzwungene scharfe Richtungswechsel auszutreiben. Einen solchen Entlüfter, Bauart *Seiffert*, zeigt z. B. Fig. 72.

Der Apparat besteht aus dem eigentlichen Luftabscheider und dem selbsttätigen Luftableiter. Der erstere wird in die Speiseleitung selbst eingebaut. Zwischen Abscheider und Ableiter ist ein Wasserschieber eingeschaltet, damit gegebenenfalls bei Instandsetzungsarbeiten an dem Luftableiter die Speiseleitung in Betrieb gehalten werden kann.

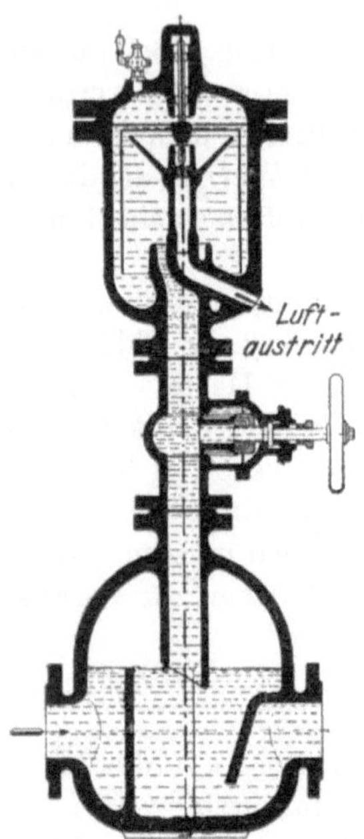

Fig. 72. Mechanischer Entlüfter. Bauart „*Seiffert*“-Berlin.

Der Luftabscheider erhält nach der Wassereintrittsseite zu eine Scheidewand, deren Oberkantenlänge so bemessen ist, daß das Wasser nur in Zentimeterhöhe darüber hinwegtreten kann. Durch die geringe Stärke der überlaufenden Wasserschicht soll die enthaltene Luft leicht frei werden und sich in dem oberen Teile verdichten. Das große Volumen des Abscheiders soll durch eine Verlangsamung des Wasserstromes die Luftausscheidung unterstützen. Ein Eintauchrohr reicht mit der höchsten Stelle seiner schrägen Öffnung annähernd bis zur Höhe der Scheidewand am Eintritt, so daß die verdichtete Luft den Wasserspiegel regelt. Die im Oberteil des Abscheiders überschüssige Luft entweicht durch das Eintauchrohr nach dem Innern eines offenen Schwimmers, der nach Aufnahme einer bestimmten Luftmenge durch das ihn umgebende Wasser gehoben wird und seinerseits das Luftauslaßventil öffnet. Eine im Oberteil des Schwimmers angebrachte Tasse verhindert, nach Abblasen der Luft, das plötzliche Nachströmen größerer Wassermengen.

Der Entlüfter soll zweckmäßig möglichst nahe an der Pumpe, an einer aufsteigenden Stelle der Leitung eingebaut werden.

Fig. 73 zeigt den zu dieser Gruppe von Entlüftungsapparaten gehörenden Aerex-Entlüfter der *Atlas-Werke*, Bremen, welcher auf Schiffen vielfach Verwendung findet. Das Speisewasser tritt mit geringer Geschwindigkeit in einen Windkessel aus, verteilt sich über die Rieselflächen und scheidet hierbei die mitgeführte Luft sehr gut aus, besonders, wenn es vorher stark vorgewärmt ist.

Die im Windkessel sich ansammelnde Luft drückt den Wasserspiegel solange nach unten, bis der Schwimmer durch einen Kniehebel das Luftauslaß-Ventil öffnet. Die Einrichtung ist so getroffen, daß dies erst eintritt, wenn der Wasserspiegel etwa 100 mm unter dem Ventil liegt, so daß die auf der Oberfläche schwimmenden Verunreinigungen das Ventil nicht verschmutzen und seine Tätigkeit nicht behindern können.

Bei Kolbenmaschinenbetrieb wird ein Schlammablaßhahn nebst einem Schlammtrichter eingebaut, so daß das im Entlüfter sich ansammelnde Öl abgelassen werden kann.

Man hat ferner versucht, den Luftsauerstoff des Wassers durch Erwärmen desselben in offenen Gefäßen zu entfernen, da mit zunehmender Temperatur die Löslichkeit des Sauerstoffes im Wasser sinkt. Die Wirkung war aber unzureichend, denn um eine Entfernung des Sauerstoffes auf 1 bis 2 mg im Liter zu erreichen, mußte die Erwärmung bis auf mindestens 85 bis 95° C getrieben werden. Eine solche teilweise Entfernung des Sauerstoffgehaltes ist wohl imstande, die Anfressungen zu vermindern, aber nicht vollkommen fernzuhalten.

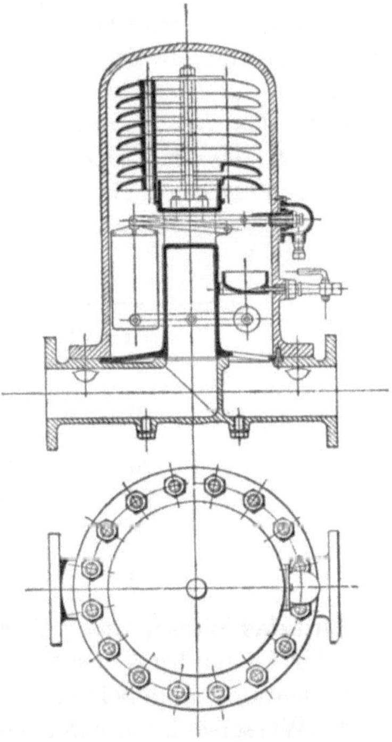

Fig. 73. Selbsttätiger Speisewasser-Entlüfter „Aerex" der *Atlas-Werke*, Bremen.

Andere Verfahren suchen den gelösten Sauerstoff durch Einschaltung von Behältern mit Eisenspänen oder Stahlwolle, die den Sauerstoff binden sollen, aus dem Wasser zu entfernen; man sucht also gewissermaßen die Werkstoffzerstörungen auf eine vorbestimmte Stelle zu verlegen, an der das zerstörte Material leichter und billiger auswechselbar ist. Auch dieses Verfahren hat in der Praxis keinen dauernd befriedigenden Erfolg ergeben, weil die Eisenspäne sich in verhältnismäßig kurzer Zeit mit Rost überziehen, zusammenbacken und dadurch unwirksam werden. Selbst bei häufiger Reinigung des Materials, unter Aufwendung großer Wassermengen, ist eine Auswechselung schon nach kurzer Zeit nicht zu vermeiden. In der Zeit zwischen zwei Auswechselungen sinkt aber der Wirkungsgrad dauernd, so daß im Durchschnitt ein nicht ausreichend sauerstofffreies Wasser gespeist wird. Dieser Umstand hat naturgemäß immer noch Anfressungen der Kesselbaustoffe zur Folge.

Endlich versuchte man die Entlüftung des Speisewassers durch teilweise Erwärmung im Vakuum durchzuführen. Auch dieses Verfahren befriedigte nicht, weil es, wie die vorerwähnte Erwärmung in offenen Gefäßen, für die Entgasung die nachfolgenden grundlegenden physikalischen und betriebstechnischen Vorbedingungen nicht berücksichtigte.

Eine völlige Entgasung des Speisewassers ist nämlich nur dann zu erreichen, wenn das zu entgasende Wasser auf Siedezustand gebracht wird, weil es in diesem Zustand gegenüber Gasen keinerlei Lösungsvermögen besitzt, oder wenn die zu entgasende Wassermenge in Tropfen zerlegt und diese beim Eintritt in einen luftleeren Raum infolge des inneren Überdruckes zerschellt werden. Der Siedezustand muß bei allen im Betriebe auftretenden

Schwankungen — in bezug auf Menge und Temperatur des zu entgasenden Wassers, auf den Gehalt desselben an gelösten Gasen und bezüglich des Zustandes des Heizdampfes — aufrechterhalten werden.

Bei der Entgasung des Wassers bei Unterdruck ist der Entgasungsvorgang dem des im Siedezustande bewirkten ähnlich. Das zu entgasende Wasser wird in fein zerstäubtem Zustande in hohes Vakuum eingeführt. Durch die wesentlich höhere Spannung im Innern der Wassertropfen gegenüber dem im Entgaser herrschenden Unterdruck zerplatzen die Tropfen. Die Gasabscheidung ist um so kräftiger, je kleiner der Tropfen und je höher der Spannungsunterschied zwischen Außenhaut und Tropfenkern ist, jedoch muß betont werden, daß dieses Verfahren nur für leicht zu entgasende Wässer in Betracht kommt.

Steht das Wasser mit der Luft in Verbindung, also unter einem Luftdruck von 760 mm Quecksilbersäule, entsprechend einem Sauerstoffpartialdruck von 159 mm Quecksilbersäule (= 0,209 atm), so lösen sich nach *Winkler* die in der Zahlentafel 2 angegebenen Sauerstoffmengen.

Zahlentafel 2.

Temperatur °C	Gramm Sauerstoff je cbm Wasser	Temperatur °C	Gramm Sauerstoff je cbm Wasser
10	11,25	45	6,0
15	10,06	50	5,58
20	9,09	60	4,76
25	8,26	70	3,88
30	7,52	80	2,90
35	6,93	90	1,65
40	6,47	100	—

Wird das Wasser unter Vakuum gestellt, so vermindert sich naturgemäß auch der Partialdruck des Sauerstoffes und damit dessen Löslichkeit.

Zahlentafel 3 zeigt beispielsweise die Sauerstoffmengen, die bei einem Vakuum von 5 m Wassersäule (entsprechend einem Sauerstoffpartialdruck von 0,1045 atm) noch im Wasser bei den verschiedenen Temperaturen enthalten sind.

Zahlentafel 3.

Temperatur °C	Gramm Sauerstoff je cbm Wasser	Temperatur °C	Gramm Sauerstoff je cbm Wasser
10	5,6	45	2,98
15	5,02	50	2,78
20	4,52	60	2,37
25	4,12	70	1,93
30	3,75	80	1,45
35	3,46	90	—
40	3,23	100	—

Zahlentafel 4 zeigt endlich die Sauerstoffmengen, welche bei einem Vakuum von 9 m Wassersäule (entsprechend einem Sauerstoffpartialdruck von 0,0209 atm) und bei Temperaturen von 10 bis 40 °C noch im Wasser verbleiben.

Zahlentafel 4.

Temperatur ° C	Gramm Sauerstoff je cbm Wasser	Temperatur ° C	Gramm Sauerstoff je cbm Wasser
10	1,13	30	0,75
15	1,01	35	0,7
20	0,91	40	0,65
25	0,83	—	—

Von den beiden vorbeschriebenen Entgasungsverfahren ausgehend, kann man alle neuzeitigen Entgaser in die beiden Gruppen: kalte und warme Entgaser aufteilen.

a) Die kalten Entgasungsverfahren.

Fig. 74 und 75 zeigen zwei verschiedene Bauarten von kalten Entgasern der Firma *Balcke*, Bochum. Das zu entgasende Wasser tritt aus Düsen in fein verteiltem Strahl in das Vakuum ein. Die einzelnen Wassertropfen zerplatzen infolge des größeren Teildruckes im Innern der Bläschen und entgasen sich auf diese Weise. Die Gase werden bei der Ausbildung der Anlage nach Fig. 75 durch eine Dampfstrahlpumpe abgesaugt. In Fig. 74 ist der Entgaser unmittelbar an einen Kondensator angeschlossen worden und wird von diesem entlüftet. Das entgaste Wasser, welches sich bei beiden Ausführungen auf dem Boden des Gefäßes ansammelt, wird durch eine Kesselspeisepumpe in die Kesselanlage gedrückt. Bei der Ausbildung der Anlage nach Fig. 74 und 75 tritt das gashaltige unvergütete Rohwasser in einen Filter ein, welches die im Wasser befindlichen Unreinigkeiten zurückhält und somit eine Verstopfung der Spritzdüsen im Entgaser verhindert. Das aus dem Filter kommende Wasser tritt alsdann in Verteilungsrohre, welche siebartig durchlocht sind und das Zerstäuben des Wassers in das hohe Vakuum hinein bewirken. Das entgaste Wasser wird in Fig. 75 durch eine Vakuumschleuderpumpe in einen Wärmeaustauscher gedrückt. Hier kann das entgaste Wasser

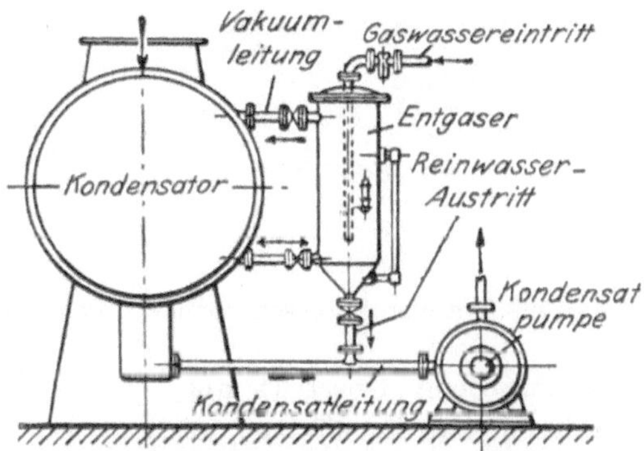

Fig. 74. Kalter Entgaser (für kleinere Leistungen) mit unmittelbarem Anschluß an einen Kondensator. Bauart „*Balcke*“-Bochum.

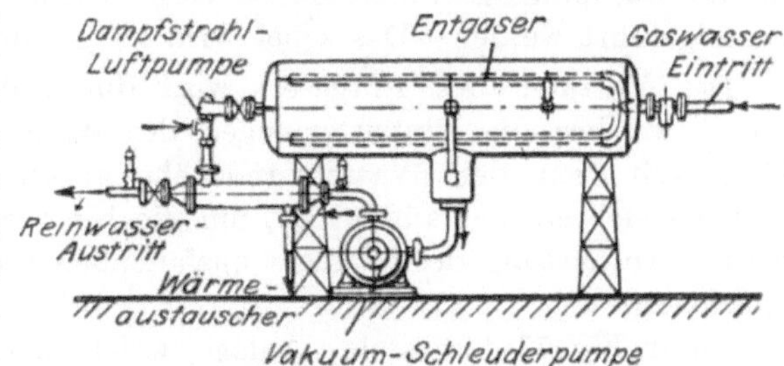

Fig. 75. Kalter Entgaser (für große Leistungen) mit selbständiger Luftabsaugung. Bauart „*Balcke*“-Bochum.

durch den Abdampf der zur Aufrechterhaltung der hohen Luftleere benötigten Dampfstrahlpumpe vorgewärmt werden. Der Vorwärmer dient also zur Rückgewinnung der zur Herstellung des Unterdruckes aufgewendeten Frischdampfwärme.

b) Die thermischen Verfahren.

Fig. 76 zeigt eine Entgasungsanlage der Firma *Balcke* in Bochum, welche nach dem warmen Verfahren arbeitet. Dieser Entgaser eignet sich besonders für schwer zu entgasende Wässer.

Das Rohwasser tritt durch einen Wasserstandsregler in den Entgaser ein und durchfließt während seines Durchlaufes durch den Kessel verschiedene Zellen, wobei es zum Richtungswechsel genötigt ist. In der ersten Kammer befindet sich das Heizelement, in welchem durch Abdampf das zu entgasende Wasser auf Siedetemperatur gebracht wird. Die Kammern sind durch eingehängte Scheidewände erzeugt worden. Während nun das Wasser an diesen Scheidewänden entlang streicht, setzen sich die durch den Richtungswechsel desselben beim Übertritt aus einer Kammer in die nächste gebildeten Gasblasen an die Platten an und wirken hier korrodierend.

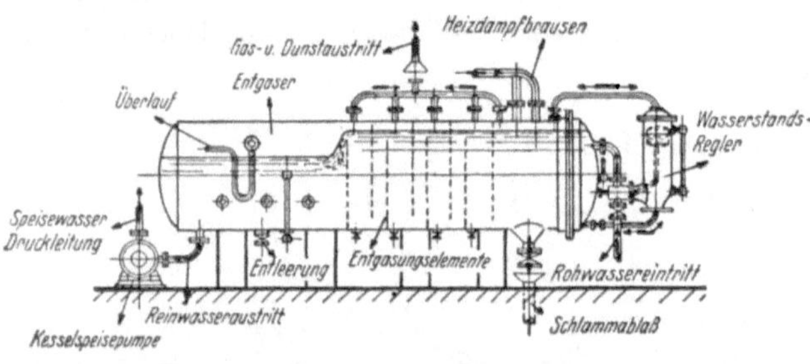

Fig. 76. Warmer Entgaser. Bauart „*Balcke*"-Bochum.

Teilweise steigen aber auch die Gasbläschen bis zur Oberfläche und werden hier von einer Dampfstrahlpumpe abgesaugt oder durch die Kochschwaden selbsttätig ins Freie abgeleitet. Es werden also die sonst an den Kessel- und Rohrwandungen auftretenden Gaszerstörungen in einen Vorbehälter verlegt, in welchem durch einen zweckmäßigen Einbau die sonst in der Dampfanlage auftretenden Gaszerfressungen schon hier zwangsweise herbeigeführt werden. Das Übel wird somit an der Wurzel gefaßt.

Das Ersaufen des Entgasers wird durch den Wasserstandsregler verhütet, welcher die Eintrittsmengen des Wassers in den Entgaser in Abhängigkeit von der Wasserstandshöhe regelt. Unter dem Heizelement befindet sich ein Schlammablaß, um die bei der gleichzeitig bewirkten teilweisen Enthärtung des Wassers ausfallenden Carbonate aus dem Entgaser abzuleiten.

Die in Fig. 77 dargestellte Anlage, welche nach dem an Hand der Fig. 76 beschriebenen Siedeverfahren der Firma *Balcke*, Bochum, arbeitet, entgast stündlich 150 cbm permutiertes Wasser und spaltet gleichzeitig das durch die Permutierung erzeugte Natriumbicarbonat in Soda und Kohlensäure, wobei außer den atmosphärischen Gasen auch die an $NaHCO_3$ gebundene Kohlensäure aus dem Wasser entfernt wird. Der benötigte Heizdampf wird der beschriebenen Entgasungsanlage als Auspuffdampf von einer Walzenzugmaschine zugeführt.

Mit der einmaligen Entgasung des Zusatzwassers ist es nun nicht getan, es muß vielmehr sorgsam darüber gewacht werden, daß die Gasfreiheit des im Kondensator gewonnenen Kondensates und des im Destillator bereiteten Zusatzwassers bis zum Eintritt in den Kessel gewahrt bleibt. Diese Gasfreiheit kann auf verschiedene Weise erreicht werden: Entweder wird der Speisewasserbehälter durch geeignete Maßnahmen vor Eintritt atmosphärischer Luft geschützt, oder das gesamte umlaufende Speisewasser wird vor Eintritt in die Kesselanlage in einem Großentgaser im Siedezustand entgast. Die Vertreter der letzten Richtung heben besonders hervor, daß die vielfach verbreitete Ansicht, es genüge eine Entgasung nur des Zusatzwassers, sich in der Praxis als falsch erwiesen hat, da bekanntlich Kondensat infolge seiner Salzarmut außergewöhnlich schnell Gase aus der Luft aufnimmt. In den Fällen, wo nur das Zusatzwasser entgast und mit dem Kondensat im sog. Gasschutzspeicher gesammelt wird, erfolgt hierin stets eine mehr oder weniger große Gasaufnahme, so daß z. B. in einem Speisewasser hinter dem Gasschutzbehälter ein Sauerstoffgehalt von 3 bis 4 mg/l festgestellt wurde, trotzdem das Kondensat in der Kondensatdruckleitung und das Zusatzwasser nur etwa 0,3 bis 0,5 mg/l Sauerstoff besaßen.

Fig. 77. Warme Entgasungsanlage (nach Fig. 76) für eine Leistung von 150 cbm/h. Bauart „*Balcke*"-Bochum.

Den ersten Weg beschreitet die Firma *Balcke*, Bochum, den zweiten Weg die *Atlas-Werke, C. A. Schmidt-Söhne*, Hamburg und die *Permutit A.-G.*, Berlin.

Fig. 78 zeigt das Gasschutzverfahren der Firma *Balcke*, Bochum, in schematischer Darstellung.

Das im Kondensator gewonnene Dampfkondensat wird durch eine baulich vereinigte Kondensat- und Kesselspeisepumpe wieder der Dampfkesselanlage zugedrückt. Auf eine entsprechende Druckstufe der Pumpe arbeitet ein unter Gasschutz stehender Speisewasserbehälter, welchem der Ausgleich von Schwankungen im Speisewasserbedarf der Kesselanlage und in der Kondensatanlieferung vom Kondensator zufällt. Leistet der Kondensator augenblicklich weniger, als die Kesselanlage benötigt, so wird die fehlende Menge aus dem unter „Gasverschluß" stehenden Speisewasserbehälter entnommen. Im umgekehrten Falle sammelt sich das überschüssige Kondensat im Gasschutzbehälter. Auf diese Weise bleibt sowohl das Kondensat als auch das Zusatzwasser vollkommen von der Luft abgeschlossen, zumal es gleich hinter der Pumpe schon unter hohem Drucke steht.

Der Gasschutz im Speisewasserbehälter kann durch ein Dampfpolster erzielt werden, das über der Oberfläche des Speisewassers liegt und den Eintritt von atmosphärischen Gasen verhindert. Sollte durch Fallen des Wasserspiegels im Behälter die Expansion des Dampfpolsters so weit fortschreiten, daß Unterdruck entsteht, so wird durch ein Einlaßventil Luft eingelassen, welche aber vorher durch ein *Holle*sches Oxydationsfilter von Sauerstoff und Kohlensäure derart befreit wird, daß nur Stickstoff in den Behälter eintreten kann. Beim Steigen des Wassers erfolgt ein selbsttätiges Ablassen der Schutzgase durch ein Sicherheitsventil. Das *Holle*sche Oxydationsfilter enthält eine Schicht von Pyrogallussäure mit einem Ätzalkali oder von Schwefelnatrium oder Hydrosulfit mit einem Ätzalkali oder fein verteiltem Zinkstaub.

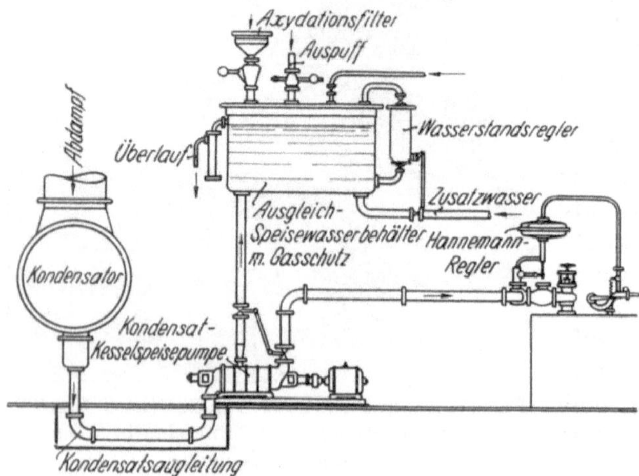

Fig. 78. Gasschutzanlage zur Gasfreihaltung des Speisewassers bis zur Kesselanlage.

Theoretisch scheint diese Anordnung vollkommen zu sein, in der Praxis spielt sich aber die Wirkung der Dampfpolster, zumal in Zeiten großer Schwankungen in der Dampfentnahme so ab, daß das auf dem Wasser ruhende Dampfpolster eine teilweise Kondensation erfährt und damit ein Unterdruck entsteht; infolgedessen kann trotz aller Schutzmaßnahmen Luft im Speisewasserbehälter auftreten. Es kommt noch hinzu, daß mit der Dauer der Betriebszeit eines Kessels eine Anreicherung gelöster Gase stattfindet, die trotz der Erwärmung des Wassers teilweise im Kreislaufe des Dampfes verbleiben. Somit kann im allgemeinen nur in den ersten Kesselbetriebstagen von einem gasfreien Kondensat gesprochen werden.

Unangenehm ist auch für viele Betriebe die zeitweilige Erneuerung des Inhalts der Oxydationsfilter.

Den geschilderten Übelständen gehen die Verfahren von *Permutit*, *Schmidt-Söhne* und *Atlas* dadurch aus dem Wege, daß sie die gesamte Entgasung von Kondensat und Zusatzwasser so einrichten, daß an jeder Stelle und zu jeder Zeit das in einen Großentgaser eintretende Wasser sich im Siedezustand befindet.

Fig. 79 zeigt die Entgasungsanlage der *Permutit A.-G.* für Frischdampf in schematischer Darstellung.

Der Frischdampf wird unmittelbar in den Entgaser eingeleitet. Das Wasser tritt aus dem Speisewasserbehälter über einen Wärmeaustauscher B in den Entgaser und rieselt in diesem nach abwärts. Dem Wasser entgegen wird, ähnlich wie in einem Gegenstrom-Einspritzkondensator, Heizdampf in solcher Menge zugeführt, daß das Wasser in Siedezustand versetzt wird und noch ein Dampfüberschuß verbleibt, welcher durch eine Brüdendampfleitung nach dem Vorwärmer B geführt wird, wo er das Wasser bis nahe an die Siedetemperatur vorwärmt.

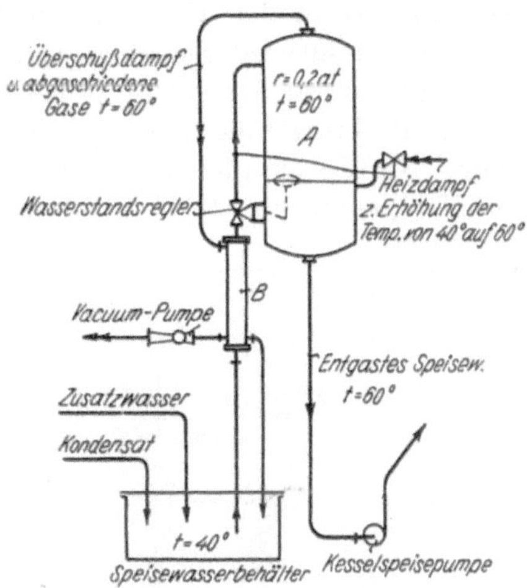

Fig. 79. Entgasung mit Erwärmung des Wassers im Entgaser durch Frischdampf. Bauart *Permutit A.-G.*

Das entgaste Wasser sammelt sich im Unterteil des Entgasers und fließt von dort der Speisepumpe zu, durch die es in dem Zustande der Gasfreiheit — welche durch den Siedezustand gewährleistet ist — in den Kessel gefördert wird, ohne Gelegenheit zu haben, mit der Luft nochmals in Berührung zu kommen und Gase hieraus aufzunehmen. Der Zulauf des Wassers in den Entgaser steht unter dem Einfluß eines Regelventils, ebenso steht die Zuführung des Dampfes unter dem Einfluß eines selbsttätigen Temperaturreglers. Der Entgaser kann unter atmosphärischem Druck oder zur Herabminderung der Wärmezufuhr auch mit geringer Luftleere arbeiten, im letzteren Falle ist eine Dampf- oder Wasserstrahlpumpe erforderlich. (S. Fig. 79.)

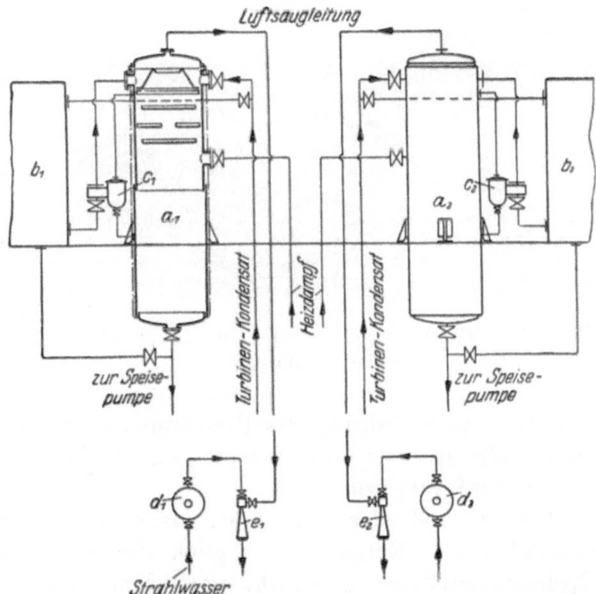

$a_1 a_2$ Mischvorwärmer und Entgaser; $b_1 b_2$ Speisewasserbehälter; $c_1 c_2$ Regler für Zusatzwasser; $d_1 d_2$ Strahlwasserpumpe; $e_1 e_2$ Wasserstrahl-Luftpumpe.

Fig. 80. Entgasungsanlage, Bauart *Atlas-Werke*, Dr.-Ing. *P. H. Müller;* Leistung 2 × 150 t/h

Auf der gleichen Arbeitsweise beruht der Atlas-Entgaser. Das gashaltige Wasser wird unter einer Luftleere, die seiner Dampfspannung entspricht, gerieselt und somit fein verteilt. Der ausfallende Kalkschlamm wird durch ein Koksfilter abgefangen.

Die Luft wird durch eine von dem unentgasten Rohwasser betriebene Strahlpumpe abgesaugt. Die abgeführte Luft scheidet sich vor dem Eintritt des Strahlwassers in den Entlüftungsbehälter ab.

Die in Fig. 80 wiedergegebene Entgasungsanlage des Kraftwerkes Cellina in Venedig wird mit Anzapfdampf beheizt und wärmt das Wasser auf 65° C vor.

Fig. 81 bringt die photographische Wiedergabe einer *Atlas*-Entgasungsanlage für 15 cbm/h permutiertes Wasser. Das Wasser wird auf 102° C mit Heizdampf von 0,10 atü erwärmt und $^1/_2$ Stunde gekocht, damit die im Wasser enthaltenen Bicarbonate in Monocarbonate und freie Kohlensäure gespalten werden. Die frei werdende Kohlensäure wird mit dem im Wasser enthaltenen atmosphärischen Sauerstoff ausgetrieben, während die Monocarbonate ausfallen. Die Steuerung des Heizdampfes erfolgt mit einem Samson-Thermostaten. Das Heizsystem liegt in einem Großwasserraum, dessen Spiegel durch den auf der Fig. 81 links sichtbaren Wasserstandsregler konstant gehalten wird. Im oberen Teil des vollkommen aus Gußeisen erstellten Entgasers befindet sich der Rieseleinbau nach Fig. 80.

Fig. 81. *Atlas*-Entgasungsanlage für 15 cbm/h permutiertes Wasser.

Das Verfahren von *C. A. Schmidt-Söhne*, Hamburg zeigt bis auf die konstruktive Ausgestaltung des Rieseleinbaues keine Unterschiede. Der Rieseleinbau ähnelt einer Wendeltreppe, das Wasser läuft von Cascade zu Cascade dem Dampf entgegen.

Der Vorteil der Gesamtentgasung des umlaufenden Speisewassers gegenüber der Entgasung lediglich des Zusatzwassers mit Gasschutz des Speisewasserbehälters besteht nach dem Gesagten offensichtlich darin, daß die Entgasungsanlage vor die Kesselspeisepumpe geschaltet werden kann und daß das entgaste Wasser unmittelbar dem Kessel zugeführt wird. Alle Gasschutzanlagen für die Speisewasserbehälter können fortfallen, weil das gesamte Wasser, — auch das den Behältern entnommene, — vor dem Eintritt in die Speisepumpe entgast wird.

6. Kritische Beleuchtung der chemischen und thermischen Aufbereitungsverfahren für Normal- und Hochdruck-Dampfkraftanlagen.

Die augenblickliche Entwicklung des Dampfkesselwesens drängt mit aller Macht zur Anwendung immer höher gespannten Dampfes. Während heute für Großkraftwerke die Grenze des wirtschaftlichen Druckes nicht über 35 atü liegt, weil die Anlagekosten, umgerechnet auf das Kilowatt der Grundlasterzeugung, mit weiter wachsenden Frischdampfspannungen sehr rasch bis zur Unwirtschaftlichkeit steigt[1], kommen für Industriekraftwerke — besonders in der chemischen Industrie — heute Drücke von 100 atü und mehr in Frage, um die Qualität des Erzeugnisses zu verbessern oder den Produktionsvorgang wirtschaftlicher zu gestalten. Den dadurch veränderten Arbeitsbedingungen muß das Kesselmaterial und das Kesselspeisewasser angepaßt werden.

Über die Tatsache, daß es möglich ist, Hochdruckkessel mit gasfreiem Kondensat und Destillat zu betreiben, bestehen keine Meinungsverschiedenheiten. Nachstehende Ausführungen sollen sich nun mit dem zur Zeit im Gange befindlichen Meinungsstreit beschäftigen, ob es möglich ist, auch mit chemisch aufbereitetem Zusatzwasser Hochdruckkessel zu betreiben. Die Frage, ob sich ein Hochdruckkesselbetrieb mit chemisch aufbereitetem Wasser durchführen läßt, kann zuweilen erhebliche praktische Bedeutung haben. Eine Destillatspeisung war bis vor kurzem nur bei geringem Zusatzwasserbedarf, also in reinen Kraftwerken, wirtschaftlich möglich. Neuerdings haben aber besonders die *Atlas-Werke*, wie auf S. 74 beschrieben, ihr Verdampfungsverfahren so ausgebaut, daß auch erheblich größere Destillatmengen bei besonderen thermischen Verhaltnissen wirtschaftlich erzeugt werden können. Liegen diese Verhältnisse aber nicht vor, so bleibt als einzige Möglichkeit die Speisung der Kessel mit chemisch aufbereitetem Wasser übrig. Es ist also wichtig, die in Abschnitt II, 2 bis 4 besprochenen Aufbereitungsverfahren in ihrem Verhalten unter sich und in bezug auf die Speisungsmöglichkeit bei Hochdruckkesseln einer kritischen Untersuchung zu unterziehen.

Bei der Frage des zu wählenden Aufbereitungsverfahrens für das Zusatzwasser von Dampfkraftanlagen ist zu berücksichtigen:

1. der Abdampfrückstand des aufbereiteten Zusatzwassers bzw. der Gehalt an gelösten Stoffen und
2. die im Zusatzwasser verbleibende Resthärte.

Die in einen Kessel eingeführten löslichen Salze müssen durch das Abblasen entfernt werden, wenn die Konzentration konstant bleiben soll. Dieser Grundsatz gilt für alle Speisewasseraufbereitungsverfahren in gleicher Weise. Das Abblasen kann zeitweise oder fortlaufend erfolgen; letzteres erscheint vorteilhafter. Bei dem sog. Rückleitungsverfahren erfolgt es auch unmittelbar, und zwar in den Wasserreiniger. Aber auch dies ändert nichts an dem Tatbestand, weil nunmehr der Wasserreiniger abgelassen werden muß, und zwar

[1] Über das Kriterium des wirtschaftlichen Druckes bei Großkraftwerken siehe *Balcke*, „Die Kraftwirtschaft". München-Berlin 1929. R. Oldenbourg.

muß in dem Maße mehr Wasser hieraus entfernt werden, wie das in den Reiniger eingeführte Kesselwasser durch das zugeführte Rohwasser im Reiniger verdünnt wird. Hierbei sind selbstverständlich die Wärmeverluste bei gleicher, aus dem Kessel abgelassener Kesselwassermenge gleich. Alle diesbezüglich von einzelnen Verfahren in Anspruch genommenen Vorteile — insbesondere vom Neckar-Verfahren — sind deshalb unzutreffend.

Die Menge des abzulassenden Kesselwassers ergibt sich aus dem Verhältnis des Abdampfrückstandes des Speisewassers zu dem des Kesselwassers. Ist beispielsweise die Eindickung des Speisewassers im Kessel eine 50- oder eine 100fache, dann ist der 50. oder 100. Teil des in den Kessel eingespeisten Wassers abzulassen. Will man Wärmeverluste beim Abblasen z. T. einsparen, so kann man über einen Wärmeaustauscher abblasen, jedoch nur bei solchen Verfahren, bei denen die Kessel schlammfrei bleiben, was praktisch nur beim Permutit- oder bei den Verdampferverfahren erreichbar ist. Bei dem Kalk-Soda- oder Neckar- und bei anderen chemischen Verfahren wird der Wärmeaustauscher infolge des Schlammgehaltes des Kesselwassers verkrusten und demzufolge unwirksam werden.

Zu dem ersten Punkt ist zu sagen, daß der geringste Gehalt an löslichen Stoffen im Zusatzwasser bei Anwendung von Verdampferverfahren erreicht wird. Dann folgt das thermisch-chemische Verfahren von *Balcke*, das *Permutit*-Verfahren, und zuletzt das Kalk-Soda-Verfahren. Beim Destillat aus Verdampfern ist in ordnungsgemäß geführten Betrieben mit einem Trockenrückstand von 8 bis 12 mg/l zu rechnen. Wird der Betrieb nicht sorgsam gewartet, so kann der Abdampfrückstand 30 bis 35 mg/l und mehr betragen[1]. Bei richtiger Wartung liefern Verdampfer zweifellos ein befriedigendes, wenn auch oft nicht billiges Destillat.

Bei einer Kesselspeisung mit Kondensat und in Verdampfern gewonnenem Zusatzdestillat ist auf die Dichtheit der Kondensatoren zu achten. Namentlich mit Stopfbuchsen versehene Kondensatoren werden im Laufe der Jahre undicht. Es tritt also aus dem Rohwasser, welches die Kühlrohre der Kondensation durchfließt, ein Teil in das Kondensat über und bringt auf diese Weise einen unzulässigen Salzgehalt und Härte in das an sich reine Kondensat hinein. Man hat zwar Alarmapparate konstruiert, welche Hör- und Leuchtsignale geben, wenn ein gewisser Salzgehalt im Kondensat erreicht wird, aber alle diese Apparate sind zu unempfindlich, als daß man sich auf sie in genügender Weise verlassen kann. Im übrigen ist es auch nicht möglich, immer sofort den Kondensator bzw. die Turbine aus dem Betriebe zu nehmen. Als betriebssicherer sind in diesem Zusammenhange Kondensatoren anzusprechen, welche auf beiden Seiten eingewalzte Rohre haben, soweit das Kühlwasser, welches diese Kondensatoren durchläuft, permutiert oder geimpft wird. Bei Kondensatoren mit Stopfbuchsen wird es immer unvermeidlich sein, dem Wasser einen Zusatz von Ätznatron zu geben, damit die einmal schon durch das Zusatzdestillat, das andere Mal durch den undichten Kondensator in das Speisewasser gelangende Härte nicht zu Steinbildungen

[1] Siehe S. 85.

im Kessel führt, sondern als Schlamm ausgefällt wird. Damit aber wird der wesentlichste Vorteil der Destillatspeisung zum Teil aufgehoben, nämlich die Vermeidung des Abblasens der Kessel. Entweder muß die Kesselanlage öfters ganz abgelassen und damit außer Betrieb genommen werden, oder es ist ein zeitweises bzw. fortlaufendes Abblasen vorzusehen.

Bei den thermisch-chemischen Verfahren werden die der Carbonathärte entsprechenden Mengen an kohlensaurem Kalk aus dem Wasser ausgefällt und damit der Abdampfrückstand vermindert. Bei all diesen Verfahren muß aber mit einem Überschuß an Fällungsmitteln gearbeitet werden, um die Enthärtung möglichst weit zu treiben. Somit ist auch stets ein Überschuß an Fällungsmitteln im umlaufenden Speisewasser vorhanden, um die durch Kondensatorundichtigkeiten in den Kessel gelangende Härte auszufällen. Dieser Reinigungsvorgang muß bei hoher Temperatur erfolgen. Durch den Überschuß an Fällungsmitteln wird der Abdampfrückstand, d. h. der Gehalt an gelösten Salzen, naturgemäß gegenüber dem theoretisch möglichen Wert erhöht, so daß in der Regel der Abdampfrückstand nicht sehr wesentlich unter demjenigen des Rohwassers liegt. Auf diesen Punkt wird viel zu wenig geachtet.

Von den rein chemischen Verfahren kommt nach Ansicht des Verfassers bei höheren Drücken nur das Permutitverfahren in Frage. Das Kalk-Soda-Verfahren hat in solchen Fällen nur noch als Vorreinigung mit nachgeschaltetem Verdampfer Wert. Aber diese Anlagen sind natürlich teuer. Beim Permutitverfahren ist nun der Abdampfrückstand des Zusatzwassers im Kessel in der Regel praktisch gleich dem des Rohwassers, weil die Umsetzung der Härtebildner bei diesem Verfahren nach stochiometrischen Gesetzen erfolgt. Im Kessel entsteht eine der Carbonathärte entsprechende Menge Ätznatron, welche in gleicher Weise wie beim thermischen Verfahren etwaige durch Kondensatorundichtigkeiten in den Kessel gelangende Härte ausfällt.

Die Spaltung von Soda erfolgt unter Einwirkung der höheren Temperatur und des höheren Druckes, und zwar tritt bei höherem Druck und bei höherer Temperatur der Zerfall der Soda in größerem Maße als bei kleineren Temperaturen ein. Es handelt sich um einen chemischen Vorgang, der der Soda eigentümlich ist. Die bei der Sodaspaltung frei werdende Kohlensäure wirkt bei alkalisch befahrenen Kesseln kaum angreifend auf das Kesselmaterial ein.

Zum zweiten Punkte ist das Folgende zu sagen:

Bezüglich der Resthärte im aufbereiteten Zusatzwasser steht das Permutit-Verfahren an erster Stelle, dann folgen die Verdampfer-, das thermisch-chemische Verfahren und zuletzt wieder das Kalk-Soda-Verfahren.

Beim Permutitverfahren entsteht, wie schon unter 1 erwähnt, eine der temporären Härte entsprechende Menge Ätznatron im Kessel; bei Verwendung von nur 5 Proz. Zusatzwasser von etwa 10° temporärer Härte kann das Speisewasser im Kessel auf etwa das 500—1000fache konzentriert werden, ehe die als Höchstgrenze angesehene Konzentration in bezug auf Ätznatron erreicht wird. Diese Grenze steht nach oben hin durchaus nicht fest, da auch mit höherem Ätznatrongehalt gefahren wird, ohne daß sich bisher Betriebsschwierigkeiten ergeben haben. Die Resthärte liegt bei permutiertem

Wasser bei ordnungsgemäßer Bedienung erheblich unter 0,1°. Das sind Werte, die kaum oder nur noch schwer feststellbar sind. Es ist aber notwendig, daß die Permutitanlagen sorgsam überwacht werden, damit die nullgrädige Enthärtung aufrechterhalten bleibt.

Bei Verdampferverfahren ist mit einer Resthärte im Destillat von 0,2 bis 0,6° deutsch zu rechnen, und zwar bei reiner Heizfläche der Verdampferanlage. Bei guten Konstruktionen kann eine Härte von 0,2° deutsch verlangt werden. Bei älteren Anlagen ist die Resthärte teilweise sehr viel höher.

Bei dem thermisch-chemischen Verfahren ist unter Voraussetzung einer Temperatur im Reiniger von ungefähr 100° eine Resthärte von 1° d. H. zu erreichen. Sie liegt also erheblich höher als beim Permutitverfahren. Auf Grund dieser Tatsachen erscheint eine Aufbereitung des Zusatzwassers nach dem Permutit-Verfahren für Drücke zwischen 30 und 100 atm zulässig, es sei denn, daß das aufzubereitende Wasser Seewasser ist; alsdann müssen aus Sicherheitsgründen Verdampfer gewählt werden.

Ein wesentlicher Punkt bei der Beurteilung der Zweckmäßigkeit dieses oder jenes Aufbereitungsverfahrens ist noch das Verhalten der Kieselsäure im Rohwasser. Kieselsäure wirkt für den Kesselbetrieb unschädlich, wenn das Wasser bis auf 0° enthärtet ist. Beim Permutit-Verfahren geht die Kieselsäure vollständig in das permutierte Wasser über, sie schadet aber dem Kessel nicht, wenn auf eine sorgsame Enthärtung bis auf 0° geachtet wird, weil alsdann infolge Fehlens von Calcium und Magnesium im Wasser der Kieselsäure die Möglichkeit genommen wird, sich mit diesen zu einem Steinansatz zu verbinden[1]. Ist eine gewisse Resthärte vorhanden, so kann diese kieselsauren Kalk von hoher Wärmeundurchlässigkeit im Kessel bilden. Bei den Verdampferverfahren geht sehr wenig Kieselsäure in das Destillat über. Dagegen ist die Resthärte beim Kalk-Soda- oder beim reinen Sodaverfahren stets erheblich.

Eine Entgasung des Speisewassers wird in allen Fällen vorzusehen sein, und zwar möglichst des gesamten Speisewassers, um irgendwelche unvermeidliche Sauerstoffaufnahme des Kondensates auszuschalten. Gasschutzanlagen mit Stickstoff- oder Dampfpolster machen theoretisch den Eindruck der Vollkommenheit. Im praktischen Betriebe wendet man sich aber mehr und mehr von dieser als Behelfsmaßnahme anzusehenden Einrichtung ab, weil hierdurch eine vollständige Gasfreihaltung des gesamten Speisewassers nicht gewährleistet erscheint. Es ist vielmehr besser, das gesamte Speisewasser vor Eintritt in den Kessel zu entgasen. Wird das Kondensat unmittelbar aus dem Kondensator über Druckspeicherbehälter dem Kessel zugeführt, wie es bei Neuanlagen durchführbar ist, dann ist es auch zulässig, das Zusatzwasser allein zu entgasen. Hierbei ist vorausgesetzt, daß eine Luftaufnahme des Kondensates durch Undichtigkeiten der Stopfbuchse der Kondensatpumpe nicht möglich ist. Ob weiter eine Unter- oder Überdruckentgasung gewählt wird, hängt von den Betriebsverhältnissen ab, insbesondere, ob Rauchgasvorwärmer vorhanden sind.

[1] Näheres s. S. 9.

III. Die Verfahren zur Wasserveredlung für Heizungs- und Warmwasserbereitungsanlagen.

1. Die Enthärtung des Speisewassers für Heizungs- und Warmwasserbereitungsanlagen.

Bei Heizungsanlagen finden sich, je nach der Art der Anlage, Steinabsätze in Dampfkesseln, Vorwärmern und Rohrleitungen.

Da die Niederdruckdampfkessel mit Drücken zwischen 1,0 bis 1,5 ata betrieben werden, setzen sich die Steinablagerungen in ihren Hauptbestandteilen aus Carbonat, Sulfat und kieselsauren Härtebildnern zusammen. Der Ausfall der Kieselsäure hängt quantitativ von der vorübergehenden Härte des Wassers, also von der Menge der im Wasser vorhandenen kohlensauren Salze ab. Ist die Carbonatmenge groß gegenüber der Menge der kieselsauren Salze, so fällt die Kieselsäure mit den Carbonaten zusammen aus und bildet alsdann einen sehr undurchlässigen porzellanharten Stein; im entgegengesetzten Falls scheidet sich die Kieselsäure für sich in erbsen- und rosettenförmigen Gebilden ab und ist in diesem Zustande weniger gefährlich. Sulfate finden sich nur an den Stellen höchster Temperaturen, also an den Wandungen der Glieder in der Nähe der Rostfläche, und zwar zumeist als Einschlüsse in den Carbonaten.

In den Vorwärmern besteht der Kesselstein gewöhnlich aus einfachen Carbonaten, denn die hier auftretenden Temperaturen genügen nur zur Umwandlung der Bicarbonate des Calciums und Magnesiums in Monocarbonate, aber nicht zur Ausfällung der Sulfate. Die Löslichkeitsverhältnisse für diese Salze werden zwar etwas ungünstiger, die Konzentration genügt aber nicht, um ihre Ausfällung zu bewirken. Bei 16 ° C enthält die gesättigte Lösung etwa 1,9 g Calciumsulfat im Liter, während bei 127 ° C noch ungefähr 1,8 g gelöst werden. Immerhin aber kann es doch vorkommen, daß sich in dem kohlensauren Kalk Einschlüsse von schwefelsauren Härtebildnern befinden. Diese lassen darauf schließen, daß die Rohre des Vorwärmers zur Erreichung der höchsten Wassertemperatur sehr stark überhitzt worden sind. Es findet sich dann neben diesen Sulfateinschlüssen noch Magnesiumoxyd, weil das Magnesiumcarbonat teilweise in Oxyd, Hydroxyd und Kohlensäure zerfallen ist. Es hat sich infolge der hohen Überhitzungstemperaturen hier ein Spaltungsvorgang abgespielt, welcher sich sonst erst im Kessel vollzogen hätte. Die im Vorwärmer sich bildenden Carbonatkrusten sind porös und wasserdurchlässig.

Die vorstehenden Darlegungen gelten besonders für mit Frischwasser befahrene Vorwärmer. Die Erscheinungen kommen bei Speisewasservorwärmern in Fortfall, weil das durchlaufende Wasser aus Kondensat und zumeist aus 5 Proz. enthärtetem Zusatzwasser zur Deckung der in der Dampfkraftanlage auftretenden Verlusten besteht. Bei Kraftwerken sind diese 5 Proz. zumeist in Destillatoren nach Abschnitt II erzeugt worden. Bei Speisung mit Kondensat und Destillat kann sich kein Stein in den Speisewasservorwärmern absetzen, sofern die Kondensatoren dicht gehalten werden.

Nicht enthärtetes Umlaufwasser bei Warmwasserpumpenheizungen kann auch zu starken Versteinungen innerhalb der Rohrleitungen führen, und zwar vor allem an Stellen von Richtungsänderungen, an Ventilen und Schiebern des Rohrstranges. Für Heißwasserbereitungen kommen bei Wäschereien, Textilindustrien usw. noch folgende Gesichtspunkte in Frage:

Wird ein kalk- und magnesiumhaltiges Wasser als Waschwasser oder zu Kochzwecken benutzt, so zeigen sich störende Wirkungen, die unter dem Namen „Wäscheläuse“ bekannt sind. Ebenso ist es die Härte des Wassers, welche beim Waschen von Wäsche mit Seife und Soda ein grauweißes unlösliches und schmieriges Gerinnsel bildet, das nicht nur den Reinigungsprozeß der Wäsche verzögert, die Wäsche unansehnlich grau und hart macht sowie ihren schnellen Verschleiß fördert, sondern darüber hinaus noch unnötige und zum Teil erhebliche Mehrausgaben für Seife und Soda bedingt. Wie groß die Mehrausgabe von Seife bei Verwendung von hartem Wasser für die Wäsche ist, ergibt sich daraus, daß 1 cbm Wasser von 1° Härte 160 g gute Kernseife benötigt, ehe die Waschwirkung der Seife überhaupt einsetzt. Diese Seifenmenge dient lediglich zum Brechen der Härte. Es wird nebenher aber noch die schädliche Kalkseife erzeugt. Wird weiter berücksichtigt, daß schon verhältnismäßig weiche Wässer eine Härte von 10 bis 15° haben und daß hierbei je Kubikmeter Wasser eine Seifenmenge von 1,6 bis 2,4 kg verschwendet wird, und zwar lediglich um hierdurch die Wäsche mit Kalkseifenablagerungen grau und hart zu machen, so leuchtet die dringende Notwendigkeit zur völligen Beseitigung der Härte aus dem Wasser ein. Es sind also Maßnahmen zu ergreifen, um eine Enthärtung solchen Wassers auf 0° zu bewirken.

Die Vorteile eines völlig enthärteten Wassers sind für Wäschereibetriebe so groß, daß nicht nur die Anlagekosten in sehr kurzer Zeit amortisiert sind, sondern daß infolge der Güte der mit weichem Wasser gereinigten Wäsche sich der Kundenkreis naturgemäß vergrößert.

Ebenso störend wie im Wäschereibetrieb wirkt sich die Härte des Wassers in der Textilindustrie aus, ganz gleichgültig, ob es sich um die Verarbeitung von Wolle, Baumwolle, Seide oder Kunstseide handelt.

Seide und Wolle wirken in den entsprechenden Bädern wie Filter auf die im Wasser vorhandenen mechanischen Suspensionen. Das Auswaschen der zwecks Entfärbung der Seide verwendeten Seife aus den Zöpfen wird durch Bildung von unlöslichen Kalk- und Magnesiaseifen sehr erschwert, ganz abgesehen davon, daß bei der später vorzunehmenden Beschwerung, das Chlorzinn infolge der gebildeten Niederschläge an der Seide nicht mehr anhaften kann und die Beschwerung dadurch sehr ungleichmäßig ausfällt.

Die einzelnen Fäden werden ungleichmäßig, rauh und liefern kein glattes Gewebe mehr. Welche Nachteile die Bildung dieser Niederschläge in den Bädern hervorrufen, wissen die Fabrikanten und Färber ganz genau. Es ist daraus ohne weiteres ersichtlich, welche wichtige Rolle ein vollständig härtefreies Wasser in diesen Industriezweigen spielt.

Bei fast allen Veredlungsprozessen dieser Faserstoffe, beim Waschen, Färben, Bleichen oder Walken, wird Seife vor oder nach dem Prozeß benötigt. In all diesen Fällen erhält das Gut bei Verwendung von nullgrädigem Wasser einen weicheren Griff, eine leuchtende und klare Färbung bzw. ein reines Weiß. Man erhält demnach ein hochwertiges und gut verkaufsfähiges Fabrikat unter gleichzeitiger Ersparnis an Betriebskosten in den verschiedenen Veredlungsprozessen.

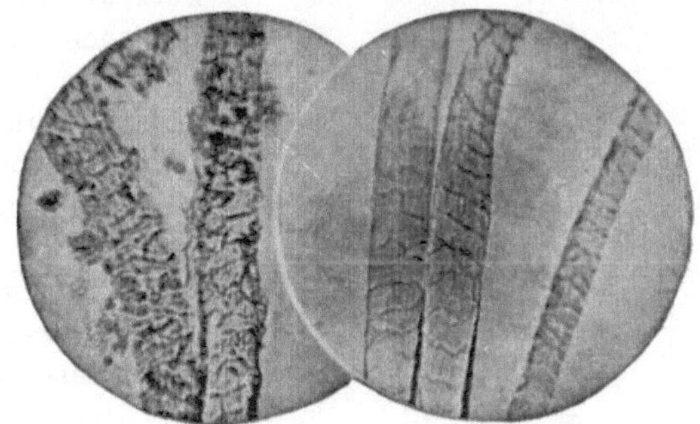

Fig. 82. Gewebefasern (von links nach rechts) gewaschen mit hartem und mit weichem Wasser.

Die letzten Ausführungen werden durch die mikrophotographische Aufnahme der Fig. 82 erhärtet, welche das Aussehen von Gewebefasern nach der Waschung mit hartem und mit weichem Wasser erkennen läßt. Bei der Waschung mit hartem Wasser sind die Gewebefasern mürbe geworden und zum Teil zerstört, bei weichem Wasser sind sie vollständig erhalten geblieben.

Zur Enthärtung von Speisewasser für Heizungs- und Warmwasserbereitungsanlagen eignet sich neben den noch zu besprechenden *Groeck*schen Verfahren[1] das Permutitverfahren, welches an anderer Stelle besprochen worden ist.[2] Für die Heizungsindustrie ist ein Kleinfilter nach Fig. 83 ausgebildet worden. Diese Neopermutitkleinfilter werden in 15 Größen hergestellt. Die Weichwassererzeugung im kleinsten Apparat beträgt bei 10° hartem Wasser etwa 30 l/h und die des größten etwa 4 cbm/h. Bei größerer Härte des Wassers verringert sich die Leistung entsprechend. Die Kapazität ist abhängig von der Füllung des Filters mit Neopermutit.

Wie schon auf S. 41 dargelegt, ist nach Durchgang einer bestimmten Wassermenge der Filter erschöpft. Es verliert seine Fähigkeit, nullgrädiges Wasser zu geben. Er wird durch Regeneration wieder gebrauchsfähig gemacht, wobei sich der umgekehrte Vorgang wie bei der Enthärtung vollzieht[3]. Die im Permutit zurückgehaltenen Härtebildner werden dabei durch das Natrium des Kochsalzes der Regenerierlösung verdrängt und

---

[1] Siehe Abschnitt III 3, S. 106. —
[2] Siehe Abschnitt II 2, S. 40 u. f.
[3] Siehe Abschnitt II 2, S. 41.

durch Natrium ersetzt. Die Kochsalzlösung wird mit den Härtebildnern aus dem Filter ausgewaschen, und zwar durch einfaches Durchleiten von Wasser durch den Schlammkanal. Bei Beendigung der Auswaschung ist der Permutitfilter imstande, wie vorher das Wasser auf 0° C zu enthärten. Die vom Kochsalz aufgenommenen Härtebildner sind wasserlöslich, so daß keinerlei Schlammstoffe, wie bei anderen Verfahren, entstehen.

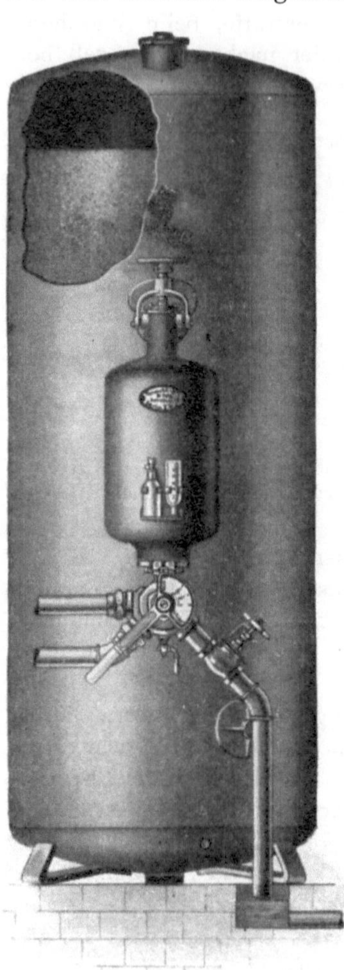

Fig. 83. Neo-Permutit-Kleinfilter.

Es sei in diesem Zusammenhange noch kurz auf die Enteisenung von Wässern eingegangen. Es ist eine bekannte Tatsache, daß viele Grundwässer eisenhaltig sind und das an Kohlensäure gebundene Eisen bei Zutritt von Luft ausscheiden. Durch solche Niederschläge werden mancherlei Übelstände verursacht. Es werden Rohrleitungen verschlammt, und das ursprünglich klar erscheinende Wasser bekommt ein trübes und schleimiges Aussehen. Es wird in diesem Zustande für die meisten Veredlungsverfahren unbrauchbar. Diese mehr oder minder leichte Ausscheidung des Eisens aus dem Wasser bei Gegenwart von Luft läßt an sich schon einen Anhalt für die Feststellung zu, ob sich ein solches Wasser leicht oder schwer enteisenen läßt, da nicht jedes eisenhaltige Wasser seinen Eisengehalt leicht und in technisch hinreichender Menge abgibt. Leicht zu enteisende Wässer geben ihren gesamten Eisengehalt in Gegenwart von Luft ab. Auf diese Erkenntnis gründen sich die ersten und ältesten Verfahren, welche durch freien Regenfall oder durch Rieselung des Wassers über poröses Material, z. B. Koks, Ton, Schlamm usw., das Wasser mit der Luft in innige Berührung bringen. Durch diese Belüftung wird das Eisen oxydiert und das nunmehr kolloidal im Wasser verteilte Eisenhydroxyd durch die nachträgliche Filtration auf das Filtermaterial als Niederschlag abgesetzt.

Bei solchen Wässern nun, welche aggressive Eigenschaften besitzen, wird zweckmäßig ein Verfahren angewendet, bei welchem die Entfernung der Kohlensäure und die Oxydation der Eisenverbindung unter Vakuum vorgenommen wird, das derartig beschaffen ist, daß eine unzulässige Anreicherung des Wassers mit freiem Sauerstoff unmöglich ist, wobei aber der Unterdruck gerade so groß gewählt wird, daß er im Dauerbetriebe aufrechterhalten und mit geringen Betriebskosten erzielt werden kann.[1] Bei Wässern mit hohem Gehalt an organischen Substanzen, bei denen mit der Enteisenung gleichzeitig auch eine weitgehende Entfernung der färbenden Bestandteile gewünscht wird, leistet das Manganoxydpermutit gute Dienste. Hierbei bewirkt nicht der Sauerstoff der Luft den Enteisenungsprozeß, sondern der viel stärkere chemische Sauerstoff des Manganoxydpermutits. Es reicht natürlich der Sauerstoffgehalt des Filters nur eine bestimmte Zeit aus. Er muß nach Erschöpfung durch Behandlung mit einer Calciumpermanganatlösung erneuert werden. Mit diesem Manganoxydpermutit läßt sich der Eisengehalt bis auf nicht mehr nachweisbare Spuren aus dem Wasser entfernen.

2. Die Korrosionen und ihre Verhütung in Heizungs- und Warmwasserbereitungsanlagen.

Die theoretischen Grundlagen, welche zur Erklärung des Wesens der Korrosionen führen, wurden auf S. 10 u. f. gebracht. Es handelt sich im folgenden um die besonderen hierher gehörigen Erscheinungen und um deren Verhütungsmaßnahmen.

Sobald das Speisewasser in die Dampfkesselanlage eintritt, gehen die in ihm gelösten atmosphärischen Gase und die durch den Zerfall der Bicarbonate frei werdende Kohlensäure und außerdem die flüchtigen organischen Bestandteile in den entwickelten Dampf über. Diese sind in der Hauptsache die Korrosionserreger in den Dampfräumen. Während der Verdampfung reichert sich das Wasser mit gelösten Stoffen an. Die Bicarbonate des Calciums und Magnesiums und das Calciumsulfat werden als Kesselstein oder Schlamm ausgefällt. Da in den Niederdruckdampfkesseln höchstens Dampf von 1,2 ata erzeugt wird, so wird lediglich der kohlensaure Kalk und an den heißesten Stellen etwas schwefelsaurer Kalk ausfallen. Nach dem Ausfällen der kesselsteinbildenden Bestandteile aus dem Speisewasser bleibt noch eine Menge löslicher Salze in dem Wasser zurück, die entweder von vornherein darin vorhanden sind oder sich durch gewisse Zwischenreaktionen im Kessel bilden können. Durch die Verdampfung wird die Lösung dieser Salze immer konzentrierter. Diese Salze sind bei zunehmender Konzentration gleichfalls in sehr hohem Maße an dem Zustandekommen der Korrosionen beteiligt. Die hierdurch bedingten Zerstörungen sind außerordentlich heftiger Natur. Die angegriffene Kesselwandung nimmt in diesem Falle oft derart schnell an Stärke ab, daß man unmöglich Wasserstoff, Sauerstoff und Kohlensäure allein für den Zerstörungsvorgang verantwortlich machen kann.

Unter den im Kesselwasser löslichen Salzen ist wohl das Magnesiumchlorid das gefährlichste. Zwar ist sein Gehalt in den natürlichen Wasserarten zumeist sehr gering, es kann sich aber im Kessel in erheblichen Mengen bilden. In Berührung mit den Eisenteilen spaltet sich das Magnesiumchlorid unter Bildung von Salzsäure und Magnesiumhydroxyd. Diese sich bildende

[1] Das vorbeschriebene Verfahren ist der Permutit A.-G. geschützt.

Salzsäure greift bei ihrer Berührung das Eisen an und es entsteht Ferrochlorid. Auf dieses wirkt wiederum das sich anfänglich abgespaltene Magnesiumhydroxyd ein, so daß die ursprüngliche Menge Magnesiumchlorid wiedergebildet wird. Es handelt sich also bei dieser Korrosionsart um einen geschlossenen Kreislauf, bei welchem die Menge des Magnesiumchlorids bei seiner zerstörenden Wirkung auf das Eisen nicht vermindert wird. In je größeren Mengen es auftritt, desto stärker wird die Korrosionswirkung, und es kann der Fall eintreten, daß bei der Aufspaltung so viel Salzsäure entsteht, daß ein Teil davon vom Dampf mitgerissen wird und in den dampfführenden Teilen verheerende Zerstörungen anrichtet. Die Korrosion des Magnesiumchlorids ist sehr leicht an dem schiefrigen Aussehen des Korrosionsproduktes zu erkennen. Das Eisen löst sich in einzelnen Schichten ab, welche von Hand zerbrochen werden können. Diese Chloridzerstörungen treten in den Dampfräumen besonders an Stellen auf, wo keine Kühlung der Wandung gegenüber den außen hinstreichenden Feuergasen erfolgt. Dies ist besonders der Fall an Stellen des Richtungswechsels und in toten, durch die Konstruktion bedingten Räumen. Grundsätzlich gilt dies auch für die Zerstörungen durch Sauerstoff und Kohlensäure.

An dieser Stelle ein sehr ernstes Wort!

Wässer, die sehr viel vorübergehende Härte enthalten, verursachen durch ihre erhebliche Kesselsteinbildung oft Betriebsschwierigkeiten. Es wird nun von gewissen Firmen propagiert, dem Speisewasser eine solche Menge von Salzsäure zuzusetzen, daß die schwer löslichen Carbonate in die sehr leicht löslichen Chloride übergeführt werden. Dieses Verfahren ist direkt polizeiwidrig; denn hierdurch entstehen die vorstehend begründeten schweren Kesselkorrosionen, die schon nach ganz kurzer Betriebszeit zu einer vollständigen Erneuerung der Kesselanlage führen können, vor allem dann, wenn der Zusatz nicht sorgfältig geschieht. Es ist schon sehr gefährlich, einen Kessel nach Außerbetriebnahme einmalig dadurch von Kesselstein zu befreien, daß man ihn mit einer Salzsäurelösung beschickt, welche den Stein auflösen soll. An sich schon wird durch ein solches Verfahren zweifellos an solchen Stellen, an denen sich weniger Kesselstein abgesetzt hat, die Salzsäure im Verlaufe der Reinigung das Eisenmaterial anfressen, während an anderen Stellen der Kesselstein noch nicht einmal vollständig abgelöst wird. Dann wird meistens vergessen, nach der Reinigung den Kessel durch eine Sodaauswaschung zu neutralisieren, und in diesem Falle ist das Unglück geschehen. — Der Kessel wird sehr bald durch schwere Korrosionen betriebsunfähig werden.

Vor Einfüllen des Wassers in die Kesselanlage muß das Zusatzwasser ausgekocht werden, sodann sollen die Kessel durch Zusatz von Ätznatron oder Soda alkalisch befahren werden, da alkalisches Wasser Korrosionen verhindert, zum mindesten einschränkt, sofern man nicht die noch zu besprechenden *Groeck*schen Verfahren vorzieht (s. S. 106). Die Erweichung der Natronzahl ist aber praktisch wegen der Kesselarmaturen zumeist nicht möglich. Zuletzt muß ein Laugenabfluß vorgesehen werden, welcher eine unzulässige Konzentration der im Speisewasser befindlichen leicht löslichen

Salze verhindert. Bei aggressiven Wässern kann der Dampf und der Wasserraum an toten Stellen durch Schutzanstriche außerdem noch gesichert werden.

Die vorstehenden Angaben stellen ganz allgemeine, stets zutreffende Richtlinien dar. Wie hoch die Zusätze sind und welcher Schutzanstrich gewählt werden soll, richtet sich in jedem einzelnen Falle nach dem verspeisten Wasser. Dieses muß zuerst einmal analysiert werden, und an Hand der Analyse sind alsdann die Schutzmaßnahmen auszuwählen.

Anders liegt der Fall bei Warmwasserheizungsanlagen. Hier fließt das gleiche Wasser dauernd im Kreislauf ohne Luftzutritt in dem Heizungssystem um. Wenn also erstmalig vollständig reines Wasser in die Heizung eingefüllt worden ist, dann wird nach kurzer Zeit die optimale Eisenlösungskonzentration im Wasser eingetreten sein, und es wird bei Fehlen von Sauerstoff jedes weitere Inlösunggehen von Eisen aufhören. Es empfiehlt sich daher, beim Füllen der Heizungsanlage das Wasser gründlich auszukochen, sei es in einem offenen Gefäße oder in einem offenen System derart, daß der durch das Aufkochen aus dem Wasser sich ausscheidende Luftsauerstoff in die freie Atmosphäre entweichen kann. Natürlich treten mit der Zeit Wasserverluste ein, und diese Wasserverluste müssen ersetzt werden. Es gilt dann auch für das nachzufüllende Wasser, daß es vorher vollständig ausgekocht sein muß. Außerdem wird es im Sinne der Darlegungen in Abschnitt II empfehlenswert sein, das Heizungssystem durch Zusatz einer gewissen Menge Ätznatron alkalisch zu befahren, weil das Wasser mit einem bestimmten Ätznatrongehalt bei den in Frage kommenden Temperaturen kaum einen zerstörenden Einfluß auszuüben vermag, auch wenn dieses Wasser lufthaltig ist. Dieser Punkt ist sehr wichtig, weil jede Heizungsanlage Undichtigkeiten besitzt. Entgastes Wasser hat das Bestreben, an jeder undichten Stelle mit der größten Begierde atmosphärischen Sauerstoff einzuschnüffeln, so daß die Maßnahme des vorherigen Auskochens bei undichten Anlagen allein nicht genügen kann. Bei zeitweisem Nachfüllen des Systems ist auch dem nachzufüllenden Wasser die entsprechende Menge Ätznatron je Kubikmeter Nachfüllwasser beizufügen. Besser ist es noch nach *Groeck* (s. S. 114) den Sauerstoff zu binden und hierdurch Wasserstein, Rost und Korrosionen gleichzeitig zu verhüten [1].

Vollkommen anders liegt der Fall bei Warmwasserbereitungs- und Waschküchenwässer, denn bei diesen Anlagen fließt durch die Leitungen stets neues Wasser. Nach den Darlegungen in Abschnitt I[2] vermag sich also eine optimale Eisenlösungskonzentration im Wasser nicht auszubilden, auch dann nicht, wenn gasfreies Wasser hierzu verwendet wird, weil immer neue, keinerlei Eisen enthaltende Wasserteilchen mit dem Eisen in Berührung kommen.

[1] Siehe Abschnitt III 3, S. 106 u. f.

[2] Siehe Abschnitt I, S. 15.

Der Lösungdruck des Eisens ist also immer in seiner vollen Stärke vorhanden, es muß demnach ein Angriff der Rohre hier unvermeidlich sein, wenn diese nicht durch einen Überzug geschützt werden. Bei Verwendung harter Wässer wird ein solcher Überzug durch die Inkrustation der Rohre künstlich erzeugt, welche aber sehr oft den Rohrquerschnitt in ganz kurzer Zeit derart verengt, daß der Wasserdurchfluß nicht mehr in genügender Weise stattfindet. Es ist nicht angängig, diesem Wasser Ätznatron zuzusetzen, weil sonst das Wasser der Warmwasseraufbereitung, welches gelegentlich auch für Genußzwecke verwendet wird, nicht gebrauchsfähig ist, und weil auch außerdem ein Ätznatrongehalt in der notwendigen Höhe schädigend auf die Wäschefaser einwirken würde. Man hat nun aber gefunden, und zwar erstmalig in Amerika, daß, wenn man dem durch die Wasserleitung strömenden Wasser eine geringe Menge Natriumsilikat (Wasserglas) zusetzt, die Rohre sich mit einer dünnen Haut aus Wasserglas überziehen, welche dann den Zutritt des Wassers an das Eisen hindert und somit die Rohre vor Angriff durch das Wasser bewahrt bzw. die Lösungstension des Eisens mangels Berührung des Eisens mit dem Elektrolyten sehr stark vermindert. Dieses Verfahren ist in Amerika in großem Umfange eingeführt und hat sich dort gut bewährt. So wird beispielsweise in New York, wo ein sehr weiches Wasser zur Verfügung steht, dieses Verfahren in allergrößtem Umfange angewendet, wobei die Einrichtung für den selbsttätigen und entsprechend dosierten Zusatz von Natriumsilikat eine verhältnismäßig einfache ist. Der Zusatz von Natriumsilikat ist in jeder Hinsicht unschädlich, sowohl bei der Warmwasserheizungsanlage als auch bei Verwendung des Wassers für Wäschereizwecke. Bei letzteren vermag es sogar umgekehrt einen gewissen günstigen Einfluß auf die Wäsche auszuüben. Andere Wege weist *Groeck*, welche in dem folgenden Abschnitt zusammenhängend besprochen werden sollen.

3. Die *Groeck*schen Verfahren.

Groeck vermeidet es, die Abwehrmaßnahmen, die sich im Laufe der Jahre für die Dampfkesseltechnik gegen Kesselstein und Rost herausgebildet haben, einfach auf lediglich erhitztes Wasser zu übertragen, weil die Voraussetzungen für die Abscheidungen von Salzen im verdampfenden Wasser von dem heißen Wasser grundverschieden sind. Bekanntlich wird die Löslichkeit der Mineralsäure-Härtebildner nur bei sehr beträchtlichem Druck und höheren Temperaturen wesentlich eingeschränkt. So ist die Löslichkeit für die Sulfate im heißen Wasser gegenüber dem kalten Wasser nicht sehr verschieden[1]. Daher sind Sulfatausscheidungen bei den in den meisten Wässern vorhandenen Sulfatkonzentrationen (bleibende Härte) lediglich durch Erwärmung des Wassers nicht zu erwarten.

Um so beachtlicher sind hingegen — nach *Groeck* — die Löslichkeitsverhältnisse der Erdalkalikarbonate, die im Warmwassersystem noch von einem anderen Gesichtswinkel als im Dampfkessel zu beurteilen sind. Während nämlich die Carbonate von Calcium und Magnesium bei der Verdampfung des Wassers durch „Austreiben" der Kohlensäure bis auf die bekannte Resthärte

[1] s. S. 99.

von durchschnittlich 2 Härtegraden sofort ausfallen, erfolgte die Ausscheidung der Carbonate bei der bloßen Erwärmung des Wassers infolge einer gewissen Löslichkeit der Kohlensäure im heißen Wasser auch noch bei 80—90° weniger durch „Austreiben" der Kohlensäure, als durch eine Störung des Gleichgewichts zwischen Calciumcarbonat und der sog. zugehörigen freien Kohlensäure. Prof. *Tillmans* hat bekanntlich eine Tabelle aufgestellt, in der dieses Gleichgewicht bei den verschiedenen Carbonathärtegraden zahlenmäßig festgelegt ist. Diese Tabelle hat jedoch — ein Umstand, welcher in der Praxis viel zu wenig beachtet wird — nur für Zimmertemperatur unter Vernachlässigung der beiden Faktoren Druck und Temperatur Gültigkeit. Nun verschiebt ein größerer Druck dieses Verhältnis in dem Sinne, daß die Werte der zugehörigen Kohlensäure kleiner werden. Dies bedeutet, daß zur Erhaltung der Löslichkeit der Calciumcarbonate bei höherem Druck und bei gleicher Temperatur weniger Kohlensäure als nach der Tabelle von *Tillmans* erforderlich ist. Die Temperatur dagegen wirkt sich im entgegengesetzten Sinne aus. Je höher die Wärmegrade, desto mehr Kohlensäure wird zur Erhaltung des Gleichgewichts erforderlich. Bei der Erwärmung des Wassers stellt das letztere sich selbsttätig ein, indem sich unter Freigabe von Kohlensäure so viel Carbonate ausscheiden, wie es das Gleichgewicht unter den neuen Temperaturverhältnissen erfordert.

Es ist versucht worden, dieses neue Gleichgewicht bei höherer Temperatur durch Zuführung einer Mineralsäure (z. B. Salzsäure) künstlich herzustellen. Hierdurch sollen diejenigen Mengen des Calciumbicarbonates, welche bei der Erwärmung als Calciumcarbonat ausfallen würden, als Chloride löslich gemacht werden[1]). Die bei der Verwandlung des Calciumcarbonats in Calciumchlorid freiwerdende Kohlensäure dient zur Herstellung des Gleichgewichts zwischen der Restcarbonathärte und der freien Kohlensäure. *Groeck* weist nun darauf hin, daß durch solche Verfahren die Wassersteinbildung zwar verhindert werden kann, vorausgesetzt, daß die Dosierung solcher geringen, außerdem den Werkstoff angreifenden Säuremengen praktisch durchführbar ist, daß aber die so behandelten Wässer unweigerlich etwas viel Schlimmeres als Wasserstein, nämlich Rost und Korrosionen, verursachen müssen; denn jedes Wasser greift Metalle an, d. h. löst diese auf, wenn die Metalle nicht durch Ausbildung von Deckschichten vor den Angriffen geschützt werden. Wasserstein ist nun aber eine solche Schutzschicht. Bleibt sie aus oder wird sie verhindert, so sind die Eisenflächen dem natürlichen Angriff durch das Wasser ausgesetzt.

Die Frage der Schutzschichtbildung spielt in der neuen Literatur eine große Rolle. Als einer der ersten hat neben *Tillmans* Prof. *Klut* erkannt, daß bestimmte Wässer im kalten Zustand schon die Neigung haben, das von ihnen durchflossene eiserne Rohrleitungsnetz mit einer von Rost untermischten Calciumcarbonatschicht zu überziehen. *Klut* hat empirisch festgestellt, daß die Voraussetzungen hierfür gegeben sind, wenn das Wasser ~ 7° Carbonathärte besitzt. *Groeck* betont, daß diese Schutzschicht sich dann nicht bilden kann, wenn sich in dem Wasser mehr als zugehörige Kohlensäure (nach

---

[1] z. B. auch beim Impfverfahren s. S. 81.

der *Tillmans*schen Tabelle), d. h. Überschußkohlensäure, befindet. Nur so ist es zu erklären, daß die Leitungswässer in den verschiedensten Städten Deutschlands sich gegenüber dem Werkstoff verschieden verhalten. Während in einer Stadt heftige Korrosionen auftreten, werden an anderer Stelle die Kaltwasserrohrleitungen nicht im mindesten angegriffen werden. Hieraus erwächst das Bestreben, diejenigen weichen Wässer, die zu wenig Calciumcarbonat, d. h. unter 7 Härtegraden, besitzen, oder bei höheren Härtegraden zu große Mengen Überschußkohlensäure aufweisen, durch Zusatz von Calciumhydrat so zu behandeln, daß das richtige Gleichgewicht zwischen Calciumcarbonat und Kohlensäure hergestellt wird, um auf diese Weise die Bildung einer Schutzschicht zu erzwingen.

Nun gilt ein chemisches Grundgesetz, daß alle Reaktionen bei höheren Wärmegraden schneller und heftiger verlaufen. Wird die Schutzschichtbildung — im warmen Wasser also Wasserstein — auf künstlichem Wege, durch Zusätze z. B. von Salzsäure zum Wasser vermieden, so müssen die ungeschützten Eisen- und Metallteile z. B. einer Warmwasserbereitung oder -heizung einem um so stärkeren Angriff durch das Wasser unterliegen. Hierdurch wird *Groecks* Standpunkt verständlich, daß die durch solche Verfahren verursachten Korrosionen in den Leitungen eine logische Folge der verhinderten Schutzschicht sind.

Zu bedenken bleibt ferner noch, daß in den meisten Warmwassersystemen die Wassertemperatur erheblichen Schwankungen unterliegt. In einer Heizung geht z. B. der Wärmegrad nachts in der Regel weit zurück, während wieder bei einer niedrigen Außentemperatur das Wasser höher erwärmt werden muß als sonst üblich. Damit wird es aber praktisch unmöglich, durch Zusatz von Mineralsäure ein der jeweiligen Temperatur entsprechendes, also stets konstantes Gleichgewicht herzustellen. Besonders interessant liegen die Verhältnisse in einer Warmwasserheizung: Zahlreiche Messungen zeigen, daß in dem erwärmten Wasserumlaufsystem eine völlige Ausscheidung der Calciumcarbonate bis auf den vorerwähnten Rest von ca. 2° im Laufe der Zeit erfolgt. Die Zentralheizung kann daher als eine Enthärtungsanlage aufgefaßt werden, bei der das Ausscheiden der Carbonate nicht durch die Einwirkung von Chemikalien, sondern hauptsächlich durch die Erwärmung bewirkt wird. Versuche von *Groeck* haben ergeben, daß sich zunächst beim Anheizen des Wassers das der Temperatur entsprechende Calciumcarbonat-Kohlensäure-Gleichgewicht unter einer geringfügigen Abnahme der Härte einstellt. Durch die chemische Reaktion der im Wasser enthaltenen Gase auf die Eisenflächen findet dann eine weitere Störung des Gleichgewichts statt, wodurch der Ausscheidungsprozeß von Calciumcarbonat fortgesetzt wird. In einigen Wochen ist in der Regel dieser Ausscheidungsvorgang beendet. Das ausgefallene Carbonat bildet dann den sog. Wasserstein, der sich in fester Schicht an den Eisenoberflächen festgesetzt hat.

Auf Grund dieser Erkenntnisse hat nun *Groeck* ein Verfahren ausgearbeitet, nach welchem er dem Wasser der Zentralheizungen ein Reaktionsmittel zusetzt, das die sämtlichen Calciumcarbonate ähnlich wie bei dem Salzsäurezusatz in bei jeder Temperatur lösliche Verbindungen umwandelt, als neu aber für sich die Nebenwirkung des Reaktionsmittels in Anspruch nimmt, daß sämtliche Metalle, die mit dem beeinflußten Wasser in Berührung kommen, vor jedem Angriff absolut geschützt bleiben. *Groeck* arbeitet bei diesem Verfahren (*Groeck*-Verfahren 102) auf die Erzeugung von Schutzschichten hin, und zwar nicht solcher Schutzschichten, die dem Auge wahrnehmbar sind, sondern nur solcher, die durch eine Passivierung der Metalle hervorgerufen werden. Auf diese Frage des weiteren einzugehen, würde zu weit führen, da der Mechanismus des Entstehens dieser unsichtbaren Schutzschicht bisher noch nicht genügend geklärt ist und die Forschungen hierüber sich noch in Fluß befinden. Jedenfalls beweisen die vom Staatlichen Material-Prüfungsamt, Berlin-Dahlem, der Bayerischen Landesgewerbeanstalt, Nürnberg, dem Bayerischen Revisions-Verein, München, angestellten Versuche, daß sowohl die Wassersteinverhinderung, wie auch der Rost- und Angriffsschutz vollkommen ist.

Fig. 84. Vom Staatlichen Material-Prüfungsamt untersuchte Gliederbruchstücke.

Hingewiesen sei in diesem Zusammenhange auf das *Groeck*-Verfahren 101, welches auf denselben oben erläuterten Grundsätzen beruht und bereits gebildeten Wasserstein sogar im vollen Betrieb der Anlage auflöst, ohne daß der Werkstoff angegriffen wird.

Ein interessantes Ergebnis hat ein vom Staatlichen Material-Prüfungsamt Berlin-Dahlem durchgeführter Versuch gehabt[1]. Es war die Aufgabe gestellt worden, das *Groeck*-Wassersteinlösungsmittel an einem mit Kesselstein stark besetzten Bruchstück eines Heizungskesselgliedes zu erproben. Die beiden Bruchstücke wogen einschließlich Wasserstein[2] vor dem Lösen des letzteren 1928 g bzw. 572,5 g. Die Stärke des Belages betrug $\sim$ 2 cm an beiden Bruchstellen. Der Lösungsversuch hat nun ergeben, daß das Gewicht des Wassersteins an dem größeren Stück 108 g, an dem kleineren Stück 100,5 g betrug,

[1] Siehe Ges. Ing., Heft 4, Jahrgang 1929. Bleyert, „Kesselstein in Zentralheizungen".

[2] Wasserstein im Gegensatz zum Kesselstein = Absatzprodukt bei einer Wassererwärmung bis zu nur 100°. Sulfate kommen demnach höchstens als geringe Einschlüsse in Carbonaten vor.

daß also die Wassersteinmenge bei beiden Stücken annähernd gleich war. Der Untersuchungsbefund zeigte im einzelnen folgendes Bild:

a) Äußerer Befund.

Die beiden genau aneinanderpassenden Bruchstücke *A* und *B* sind in Fig. 84 wiedergegeben. Der Bruch ist an der Stelle mit stärkstem Kesselsteinansatz erfolgt.

Aus Fig. 85 sind die Bruchflächen und die Stärke der Kesselsteinschicht ersichtlich.

Bruchstück *A* Bruchstück *B*

Fig. 85. Bruchstücke eines gesprungenen Kesselgliedes (nach Fig. 84) vor dem Lösungsvorgang.

b) Lösungsversuche.

Als Versuchsgefäße dienten emaillierte Schalen. Das Bruchstück *A* wurde mit Salzsäure, das Bruchstück *B* mit dem Lösungsmittel behandelt und $6^1/_2$ Stunden bei etwa 30° bzw. 98° in den Lösungen belassen. Das Aussehen der Proben nach dem Lösungsvorgang ist aus Fig. 86 ersichtlich. Das Bruchstück *A* wies beim Herausnehmen noch einen ungelösten Rückstand von Wasserstein auf, der beim Abspülen mit Wasser herausfiel. Das Bruchstück *B* war vollständig von Wasserstein befreit.

1.	Das Gewicht des Bruchstückes *A* vor dem Lösen betrug .	572,5 g
	Das Gewicht des Bruchstückes *A* nach dem Losen betrug	472,0 g
	Das Gewicht des gesamten Wassersteins betrug	100,5 g
	Das Gewicht des ungelösten Wassersteins betrug	18,0 g
	Das Gewicht des gelösten Wassersteins betrug.	82,5 g
2.	Das Gewicht des Bruchstückes *B* vor dem Lösen betrug .	1928,0 g
	Das Gewicht des Bruchstückes *B* nach dem Lösen betrug	1820,0 g
	Das Gewicht des gelösten Wassersteins betrug.	108,0 g

Demnach ist durch das Lösungsmittel mehr Wasserstein gelöst worden als durch die Salzsäure. In Fig. 86 sind die beiden Bruchstücke *A* und *B* nach dem Lösungsvorgang wiedergegeben. Während das Bruchstück *A* durch die Salzsäure stark angegriffen ist, weist das Bruchstück *B* durch das *Groeck*sche Lösungsmittel keinen sichtbaren Angriff auf.

Die Versuche haben ergeben, daß der an den gußeisernen Bruchstücken anhaftende Wasserstein durch das *Groeck*sche Lösungsmittel vollständig gelöst wurde. Hierbei wurde das Eisen nicht sichtbar angegriffen, während beim Versuch mit der Salzsäurelösung ein starker sichtbarer Angriff stattgefunden hat.

Ein aus dem Gutachten nicht hervorgehender Vorteil besteht darin, daß bei dem neuen Verfahren keine Geruchsbelästigungen irgendwelcher Art stattfinden. Die an den Kesseln befindlichen Armaturen, ganz gleich, aus welchem Metall, werden nicht in Mitleidenschaft gezogen. Brandflecke oder -wunden sind ausgeschlossen, so daß das Verfahren ohne irgendwelche Belästigung innerhalb und außerhalb des Kesselraums durchgeführt werden kann.

Bruchstück *A*

Bruchstück *B*

Fig. 86. Bruchstücke des Kesselgliedes (nach Fig. 84 und 85) nach dem Lösungsvorgang.

Innerhalb 24 Stunden kann in der Regel der vom Wasserstein vollständig befreite Kessel wieder in Betrieb genommen werden.

Das Verfahren ist im weiteren Verlauf so vervollständigt worden, daß in jedem Einzelfall der Fortgang der Wassersteinauflösung, der sich im geschlossenen Gliederkessel der Sicht entzieht, überwacht und festgestellt werden kann, wann er beendet ist. Auch die Menge des aufgelösten Wassersteins kann nachgewiesen werden. Hierbei hat sich z. B. herausgestellt, daß einzelne Warmwasserheizungskessel 12 kg und mehr Wasserstein aufweisen können. Entscheidend ist jedoch nicht die Menge der Abscheidungen, sondern die Art ihrer Anlagerung. Diese findet im Warmwasserheizungskessel an einer ganz begrenzten Stelle statt, nämlich an derjenigen Kesselgliederfläche, an der sich die höchsten Rauchgastemperaturen — bis 800° und mehr — entwickeln, während die weiteren Flächen nahezu wassersteinfrei bleiben können. Da nun Wasserstein als richtiger „Marmor", der sich in der Farbe und im Gefüge nur durch die Rostuntermischung unterscheidet, wärmeisolierend wirkt, so muß an den belegten Stellen das Gußeisen zum Ausglühen kommen. Dadurch treten im Gesamtmaterial Spannungen auf, die zu den berüchtigten Kesselgliedersprüngen führen. Tatsächlich hat sich gezeigt, daß die nach dem *Groeck*-Verfahren behandelten Kessel keine Gliedersprünge mehr aufweisen. Man kann also sagen, daß durch diese Verfahren die sog. Ermüdungserscheinungen der Heizungskessel, die durchschnittlich nach 12—15 Jahren, in vielen Fällen, besonders in Gegenden mit hartem Wasser, jedoch schon nach kurzer Zeit auftreten, vermieden werden und hierdurch die Heizungskessel praktisch eine fast unbegrenzte Lebensdauer erhalten[1].

Auch die Wassersteinverhütung in der Warmwasserbereitung für Nutzzwecke ist Gegenstand der Forschung von *Groeck* gewesen. *Groeck* stellte jahrelange Versuche über die Löslichkeit verschiedener Metalle in verschiedenen Wässern an, die er in der Weise durchführte, daß Probeplatten einheitlicher Größe in gleich große, mit dem Versuchswasser gefüllte Erlenmeyerkolben gehängt wurden. *Groeck* untersuchte dann die sich an den Metallflächen bildenden Korrosionsprodukte auf Calciumcarbonat und fand, daß sich zwischen der Gewichtsabnahme der Korrosionsplatte und der Menge der Calciumcarbonatanlagerung bestimmte Beziehungen herausbilden. Die Untersuchung erfolgte nach dem *Groeck*-Verfahren 101 (s. S. 109), welches ermöglicht, Calciumcarbonat aufzulösen, ohne daß die Metalle auch nur in Spuren angegriffen werden. Es ist bekannt, daß der Grad des Angriffs von Wasser auf die Metalle (besonders gut sichtbar in heißem Wasser, weil hier der Lösungsvorgang schneller fortschreitet) von ihrer Stellung in der elektrolytischen Spannungsreihe der Metalle abhängt. So wird Eisen stärker als Messing (als Zinklegierung), und Messing wiederum stärker als Kupfer angegriffen. *Groeck* wies nach, daß sich in dem gleichen Verhältnis auch die Menge der Calciumcarbonatanlagerung einstellt. Daß die Anlagerungen an solchen eisernen Korrosionsplatten, die sich in längerer Berührung mit einem stark calciumcarbonathaltigen Wasser bilden, zum Teil aus Calciumcarbonat bestehen, war schon früher festgestellt worden; es fehlten aber bisher die chemischen Mittel, die Anlagerung mengenmäßig zu bestimmen. Man hält im allgemeinen nur die weißen Krystalle für Calciumcarbonat, während die sich darunter bildende bräunliche Schicht als Rost angesehen wird. Nun wies *Groeck* nach, daß auch nach Abscheuern dieser lose angelagerten Kristalle die bräunliche Schicht in

[1] Hinzu kommen die Brennstoffersparnisse bei reinen Heizflächen, weil eine steinbelegte Heizfläche den Wärmedurchgang verhindert und somit die ursprüngliche und für die Wärmeleistung berechnete Heizfläche verkleinert.

dem Wasserstein lösenden Mittel sich unter Aufbrausen auflöste, während die aus destilliertem Wasser herrührenden Anlagerungsschichten nicht die geringste Reaktion zeigten.

In nunmehr systematisch durchgeführten Reihenversuchen wurde die Gewichtsveränderung der Korrosionsplatten zunächst in dem ca. 12° Carbonathärte enthaltenden Berliner Wasser festgestellt. Sämtliche Platten wurden dann nach dem *Groeck*-Verfahren 101 behandelt und der sich zeigende Gewichtsunterschied gleichfalls gewichtsanalytisch festgestellt. Die Gewichtsabnahme in der Eisenplatte war nach der Behandlung beträchtlich, auch bei der Messingplatte war sie noch deutlich meßbar, während sich bei Kupfer innerhalb der einheitlichen ca. 3 Tage betragenden Versuchszeit in dem auf $\sim 90°$ erwärmten Wasser kaum eine Abnahme zeigte. Hieraus folgerte *Groeck*, daß die Wassersteinbildung mit dem Korrosionsvorgang in einem ursächlichen Zusammenhang stehen müßte, was ihn zu folgenden Versuchen veranlaßte:

Ähnliche Versuchsplatten wurden in Gefäße eingehängt, in denen das Wasser — wiederum Berliner Leitungswasser — einmal unbehandelt blieb und das andere Mal durch chemische Bindung des Sauerstoffs sauerstoffrei gemacht wurde. Es zeigte sich nun, daß in dem sauerstoffreien Wasser sämtliche Platten unverändert blieben und auch bei der Behandlung nach dem *Groeck*-Verfahren 101 nicht die geringste Reaktion oder Gewichtsabnahme aufwiesen.

Diese Beobachtung gestattet einen Einblick in diejenigen Vorgänge, welche der Wassersteinbildung zugrunde liegen: Wenn Calciumcarbonatausscheidungen eine Folge der Gleichgewichtsstörung zwischen Kalk und Kohlensäure sind und diese Ausscheidung bzw. Anlagerung nur in Gegenwart reaktionsfähiger Metalle und von Sauerstoff vor sich geht, so mußte die Gleichgewichtsstörung durch die Auflösung der Metalle beeinflußt werden. *Groeck* ist nun der Auffassung, daß die Ursache in der Bildung von OH-Ionen zu suchen ist, die immer entstehen, wenn Metalle in Gegenwart von Sauerstoff sich auflösen. Das in dem Wasser sich z. B. bildende $Fe(OH)_2$ kann als Base eine ähnlich fällende Wirkung auf das Calciumcarbonat ausüben wie das basische $Ca(OH)_2$ (Calciumhydrat), das als Fällungsmittel bei den chemischen Fällungsverfahren verwendet wird. Hierdurch kann auch der Einfluß des Sauerstoffs auf die Bildung der Schutzschicht im kalten Wasser erklärt werden. Es wird nach *Groeck* durch Einführung des Rosterregers Sauerstoff in das Wasser bis zur Sättigungsgrenze diesem seine korrosiven Eigenschaften indirekt durch Beeinflussung der Schutzschichtbildung genommen. Durch weitere Versuche wurde nachgewiesen, daß die Menge der im Wasser vorhandenen, bekanntlich so sehr gefürchteten aggressiven Kohlensäure für den Rostangriff bei nur erwärmtem Wasser praktisch von geringerer Bedeutung ist. Ausschlaggebend ist ob das Calcium-Kohlensäure-Gleichgewicht vorhanden ist; Kohlensäureüberschuß — d. h. mehr als dem Gleichgewicht entspricht — wirkt ohne Rücksicht auf die Menge in Gegenwart von Sauerstoff stets rosterzeugend,

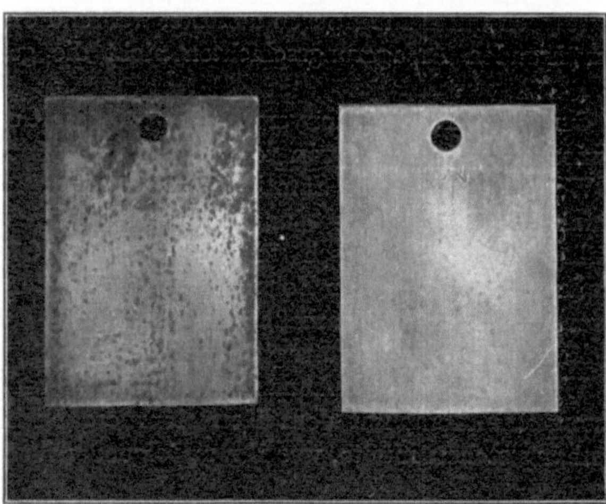

Fig. 87. Eine nach dem *Groeck*-Verfahren 101 behandelte Versuchsplatte.

während ein absolut sauerstoffreies Wasser sich als nicht korrosiv erweisen muß. Die praktische Folgerung zieht *Groeck* mit seinem Verfahren 103 „Wasserstein- und Rostverhütung im warmen Wasser". Dieses Verfahren besteht in der restlosen Sauerstoffbindung in dem Speisewasser des Warmwasserboilers. Hierdurch soll nach den obigen Erläuterungen absoluter Wasserstein-, Rost- und Korrosionsschutz erzielt werden.

Fig. 88. Eine nach dem *Groeck*-Verfahren 102 behandelte Versuchsplatte.

Als Sauerstoffbindemittel verwendet *Groeck* in der Hauptsache Natriumsulfit, das sich mit Sauerstoff zu Natriumsulfat, also Glaubersalz, umsetzt. Bekanntlich sind in vielen Leitungswässern größere Mengen an Glaubersalz vorhanden, als durch das Verfahren in das Wasser hineingebracht werden, ohne daß diese Wässer irgendeiner Beanstandung unterliegen. Das Verfahren erscheint somit auch in hygienischer Beziehung einwandfrei.

Gewisse Schwierigkeiten verursachte anfänglich noch die richtige Dosierung der Zusatzmengen zu dem fließenden, unter Druck stehenden Wasser. Diese konstruktive Frage ist durch eine Feindosiermaschine gelöst worden, welche selbsttätig arbeitet und die Zusätze genau entsprechend der die Leitungen durchfließenden Wassermenge regelt.

Fig. 87 zeigt eine Platte A, die einem Versuch mit unbehandeltem Berliner Leitungswasser entstammt, das 8 Tage lang auf 80° in einem in ein Wasserbad gestellten Erlenmeyerkolben erwärmt wurde. Auf den Flächen ist deutlich die Einwirkung des Wassers erkennbar. Die dunklen Flecke sind

Absetzungen von Wasserstein. Platte B aus dem gleichen Versuch, wurde nach dem *Groeck*-Verfahren 101 (Wassersteinauflösung unter vollem Korrosionsschutz) weiter behandelt. Die braunen Flecke sind verschwunden; auf den Flächen sind nunmehr die der Wassersteinanlagerung vorausgegangenen Angriffe des Wassers erkenntlich.

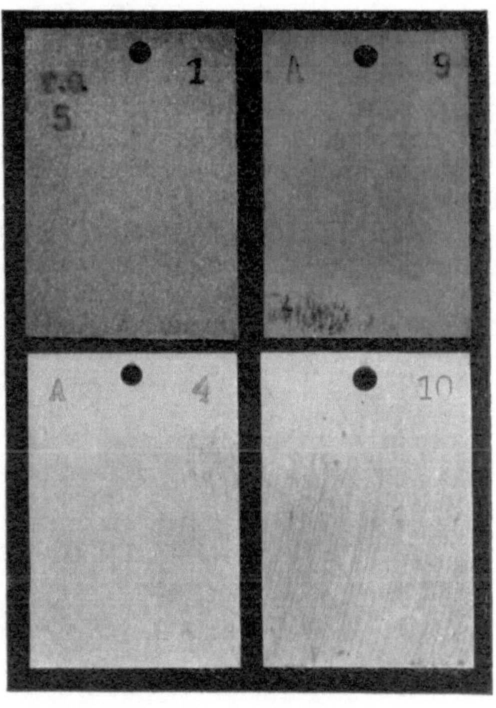

Fig. 89. Wirkung von Salzsäure (oben) und des *Groeck*-Verfahrens 101 (unten) auf gußeiserne und schmiedeeiserne Versuchs-Platten.

Die Wirkung des *Groeck*-Verfahrens 102 (Wassersteinverhinderung unter vollem Korrosionsschutz) wird durch Fig. 88 deutlich. Das Berliner Wasser wurde unter sonst gleichen Versuchsbedingungen nach diesem Verfahren behandelt. Die Versuchsplatte zeigt weder Spuren einer Anlagerung noch ist sonst irgendein Fleck oder ein Punkt sichtbar, der auf irgendeine Korrosion auch nur andeutungsweise schließen könnte. Wie das *Groeck*-Verfahren 101 „Wassersteinauflösung" auf Eisen einwirkt, zeigt eine weitere Gruppe von Platten, in Fig. 89. Es wurde ein Parallelversuch der Wassersteinauflösung an zwei mit Wasserstein belegten Sprungstücken eines Kesselgliedes vorgenommen, und zwar in dem einen Fall mit Salzsäure, in dem andern Fall nach dem *Groeck*-Verfahren 101. Gleichzeitig wurden in die Lösungen Kontrollplatten aus Gußeisen und Schmiedeeisen eingehängt, um den etwa erfolgenden Angriff deutlich zu machen. Die obere Plattengruppe entstammt dem Versuch mit Salzsäure, die untere

Fig. 90. Aussehen von unbehandeltem Berliner Leitungswasser (links) und das nach dem *Groeck*-Verfahren 103 behandelten Berliner Wassers, beide in Gegenwart einer schmiedeeisernen Versuchsplatte.

dem mit *Groeck*-Verfahren 101. Die Platten 1 und 4 bestehen aus Gußeisen, die Platten 9 und 10 aus Schmiedeeisen. Der Unterschied ist deutlich sichtbar. Während die Flächen der oberen Platten durch die Salzsäure ihre ursprüngliche blanke Struktur vollkommen verändert haben, sind die unteren Platten unverändert geblieben.

Die Versuchsplatten zeigten dasselbe Aussehen wie die auf Seite 114. Interessant ist das Aussehen der Versuchswässer. Die Flasche, Fig. 90 links, zeigt das durch Rost und Wasserstein getrübte unbehandelte Berliner Leitungswasser, in dem eine schmiedeeiserne Platte eingehängt war; die daneben abgebildete Flasche zeigt das vollständig klare Wasser, das nach dem *Groeck*-Verfahren 103 auch in Gegenwart einer schmiedeeisernen Platte behandelt war.

IV. Die Speisewasseraufbereitung im Schiffbau.

1. Die Speisewasseraufbereitung auf Überseedampfern.

In der Schiffahrt war es lange Jahre üblich, das im Betriebe verlorengehende Speisewasser durch im Doppelboden des Schiffskörpers mitgeführtes Süßwasser zu ersetzen. Zu diesem Zwecke versorgten sich die Schiffe in den verschiedensten Häfen, die sie anliefen, mit möglichst weichem Wasser. Daneben bestand die Vorschrift, daß jedes Schiff Verdampfer zur Erzeugung von Süßwasser mitzuführen habe.

Diese Verdampfer wurden aber vom Maschinenpersonal zumeist als ein notwendiges Übel betrachtet und demzufolge möglichst wenig benutzt. Diese Unbeliebtheit der Verdampferanlagen war auch insofern berechtigt, als den ursprünglich verwendeten Hochdruckverdampfern derartige Mängel anhafteten, daß ein einigermaßen regelmäßiger Verdampferbetrieb unmöglich war.

Die Speisung und das Ablaugen waren ungleichmäßig. Das Verdampfen erfolgte wegen der hohen Temperaturunterschiede zwischen Heizdampf und erzeugtem Dampf zu plötzlich. Die Verdampfer kochten leicht über und vergaben auf diese Weise mühsam erzeugtes Destillat bzw. ließen Salze in die Kesselanlage übertreten, wenn nicht für eine sorgfältige Wartung gesorgt wurde. Mit diesen Mängeln hätte man sich aber schließlich noch an Bord abgefunden, wenn die Heizschlangen nicht schon nach kurzer Zeit stark verkrustet gewesen wären und erhebliche Reinigungsarbeiten nötig gemacht hätten.

Als Heizdampf diente Frischdampf von 8 ata bei etwa 2 ata Druck im Verdampfer, also bei einer das Ausscheiden und Festbrennen von Steinabsätzen auf den Heizröhren stark fördernden Verdampfungstemperatur. Der Wirkungsgrad der Verdampfer ging mit der Verschmutzung schnell zurück. Abgesehen von den Unbequemlichkeiten der Bedienung, brachte dieses Verdampfungsverfahren auch große Wärmeverluste mit sich, weil für 1 kg reines Wasser mindestens 1,2 kg Frischdampf als Heizdampf aufgewendet werden mußte, und weil andererseits der erzeugte Brüdendampf in Kondensatoren geleitet wurde, in denen seine latente Wärme an das durchfließende Kühlwasser überging und somit für den Wärmekreislauf der Dampfanlage verloren war.

Der an sich naheliegende Gedanke, das ganze benötigte Zusatzspeisewasser durch Verdampfer zu erzeugen, konnte sich daher in der Praxis mit derartigen Apparaten nicht durchsetzen. Anders wurde die Sachlage nach dem Kriege mit der Einführung der Abdampfverdampfer, weil einmal bei den jetzt mit Abdampf bis 1,5 atü beheizten Verdampfern eine erhöhte Kesselbelastung durch das Verdampfen nicht eintrat, und weil ferner der in den Verdampfern erzeugte Brüdendampf von 1 ata in Speisewasservorwärmern niedergeschlagen wurde. Die latente Wärme des Brüdendampfes ging somit an das zum Kessel rückfließende Speisewasser über und blieb — im Gegensatz zu den alten Hochdruckverdampfern — dem Wärmekreislauf der Dampfkraftanlage erhalten.

Die Durchführung dieses Verfahrens erforderte naturgemäß eine fortlaufende Verdampfung, die Verdampfer blieben also ständig mit der gesamten Schiffsanlage in Betrieb. Hiermit wurde zugleich der Vorteil erreicht, daß keine großen Wassermengen für die Kesselspeisung mehr mitgeführt zu werden brauchten, weil nunmehr die Abdampfverdampfer ständig das verbrauchte Wasser wiedererzeugten. Mit dem Fortfall der Wassertanks wurde ferner die Ladefähigkeit des Schiffes vergrößert und damit ein weiterer sehr ins Gewicht fallender Vorteil erreicht. Zudem bildet aber jedes Leitungswasser, das in den Tanks mitgenommen wird — im Gegensatz zu dem mit Verdampfern erzeugten Destillat Kesselsteinansätze —, welche ein regelmäßiges Abblasen und Kesselreinigen in verhältnismäßig kurzen Zwischenräumen und damit Wärmeverluste und Kosten bedingen, ganz abgesehen davon, daß verschmutzte Kessel den Wirkungsgrad verringern. Alle diese Schwierigkeiten werden vermieden, wenn der im Schiffsbetriebe stets in reicheren Mengen vorhandene Abdampf ständig zur Erzeugung von destilliertem Wasser benutzt wird und die Kessel nur mit solchem betrieben werden, zumal das Destillat bei der Verwertung von Abdampf und bei Rückführung der Wärme des erzeugten Brüdendampfes in den Wärmekreislauf fast kostenlos in einem Nebenprozeß gewonnen wird.

Diese Erkenntnis hat sich für Handelsschiffe in den letzten Jahren durchgesetzt und wird sich weiter durchsetzen, schon als naturnotwendige Folge der Forderung, daß mit zunehmendem Kesseldruck und besonders bei Verwendung von Wasserrohrkesseln nur Destillat in die Kesselanlage gespeist werden darf.

Im Schiffahrtsbetriebe hat sich fast ausnahmslos der Abdampfverdampfer eingeführt. Wenn der Arbeitsprozeß des Schiffsverdampfers auch grundsätzlich derselbe wie beim Landverdampfer[1] ist, so bringt doch der Schiffsbetrieb zusätzliche Anforderungen, denen die Anlage gerecht werden muß. Aus diesem Grunde soll ein Schiffsverdampfer an Hand der Abb. 91 und 92 kurz beschrieben werden.

Abb. 91 zeigt die Gesamtanordnung eines einstufigen *Atlas*-Schiffsverdampfers und Abb. 92 den Schnitt.

Der *Atlas*-Abdampfverdampfer besteht aus dem Rohwasservorwärmer und Vorreiniger *a*, dem Verdampfer *b*, der Speise- und Laugenpumpe *e* und dem Speisewasserregler *d*. Der Speiseregler *d* soll in einer zur Schiffsmittelebene parallelen Mittelebene durch den Verdampfer sitzen, um beim Rollen des Schiffes unbeeinflußt zu bleiben. Die als Simplexpumpe aus-

[1] Siehe Abschnitt II 4 c, S. 71.

gebildete Speise- und Laugenpumpe besitzt einen Dampf- und zwei Arbeitszylinder. Mit dem größeren Arbeitszylinder saugt sie Rohwasser aus dem Ausguß der Kondensator-Kühlwasserleitungen und drückt es durch das Rohr *8* nach dem Vorwärmer *a*. Das Wasser tritt in diesen durch das federbelastete Ventil *9* fein verteilt ein und fällt über einen Einbau von Schalen stufenförmig herab. Während das Rohwasser im Vorwärmer herunterrieselt, tritt Dampf durch Rohr *6* aus dem Verdampfer in den Vorwärmer und erwärmt das Wasser auf Verdampfertemperatur. Dabei scheidet sich

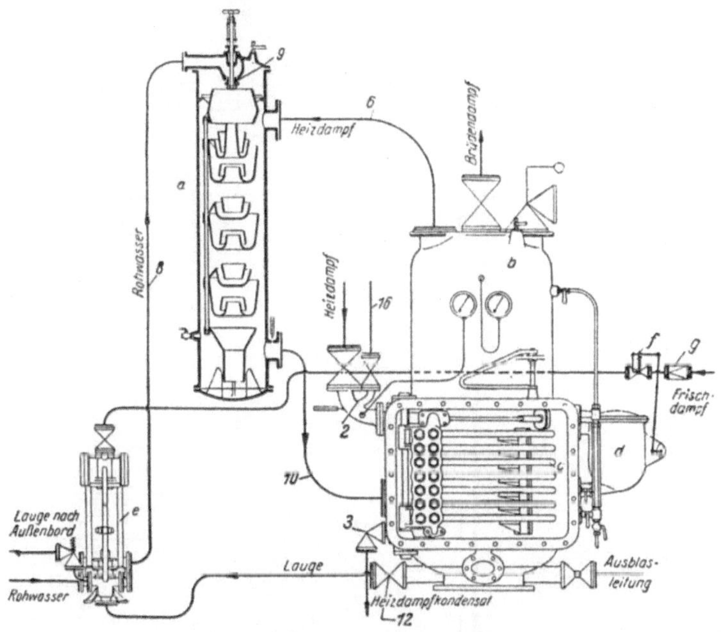

Fig. 91. *Atlas*-Schiffsverdampfer.

die im Wasser gelöste Luft- und Kohlensäure kräftig aus und wird durch Entlüftungshähne abgeblasen. Enthält das Rohwasser größere Mengen doppeltkohlensauren Kalk, so wird dieser im Vorwärmer ausgeschieden und gelangt nicht in den Verdampfer. Die übrigen kesselsteinbildenden Salze (welche als bleibende Härte bezeichnet werden) bleiben bei der niedrigen Temperatur des Heizdampfes im Wasser gelöst. Die Heizschlangen können daher auch bei längerem Betriebe nicht mit einer festgebrannten Salzkruste überzogen werden.

Aus dem Vorwärmer fließt das Rohwasser durch das Rohr *10* in den eigentlichen Verdampfer *b*. Während früher das Rohwasser kalt in den Verdampfer eintrat, dort nach unten sank und infolgedessen oft gleich durch das Laugeventil *12* wieder abfloß, tritt jetzt das Rohwasser mit hoher Temperatur ein und mischt sich schnell mit dem Verdampferinhalt. Die Lauge wird von der tiefsten Stelle des Verdampfers, wo die Konzentration des Salzes am höchsten ist, durch den kleineren Arbeitszylinder der Simplexpumpe *e* abgesaugt und durch ein federbelastetes Rückschlagventil nach außenbords gedrückt.

Das Verhältnis der von der Simplexpumpe geförderten Rohwassermenge und Laugenmenge ist so bemessen, daß bei Speisung von Seewasser der Verdampferinhalt ständig etwa 10 Proz. gelöstes Salz enthält.

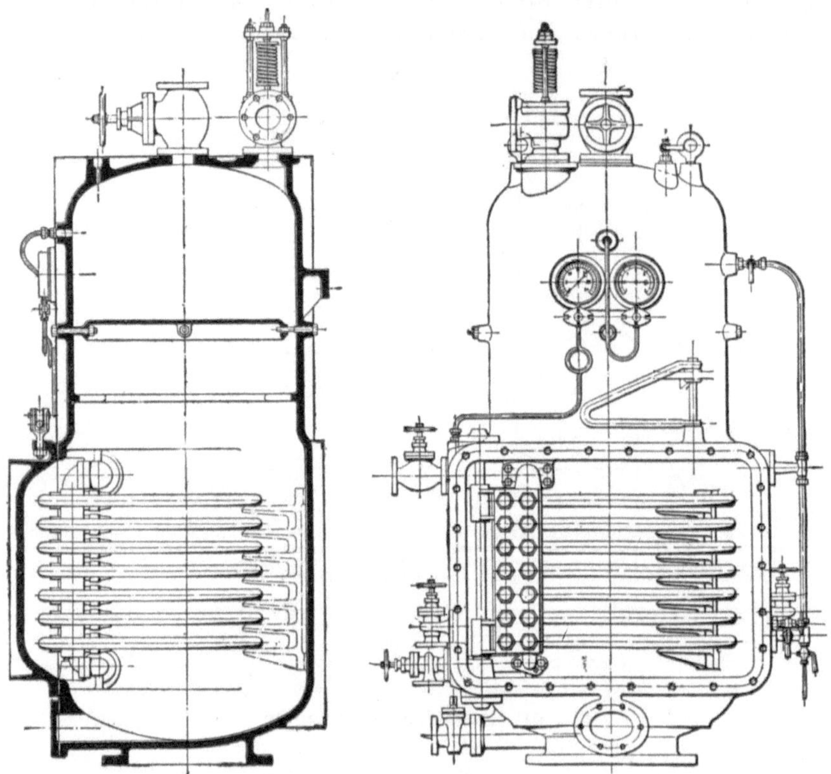

Fig. 92. Schnitt durch einen *Atlas*-Schiffsverdampfer.

Der mit einem Schwimmer versehene Regler *d* wirkt durch ein Hebelwerk auf das in die Zudampfleitung der Speise- und Laugepumpe eingebaute Drosselventil *f* und regelt so den Gang der Pumpe derart, daß dauernd gleicher Wasserstand im Verdampfer vorhanden ist und die Leistung des Verdampfers sich der zur Verfügung stehenden Abdampfmenge und Abdampfspannung selbsttätig anpaßt. Vor dem Ventil *f* wird ein Druckminderungsventil *g* eingeschaltet.

Die Verdampfung des Wassers im Verdampfer erfolgt bei der niedrigen Temperatur ruhig und gleichmäßig. Der erzeugte Dampf wird nach einem Speisewasservorwärmer geführt. Die in ihm enthaltene Wärme wird also für den Kessel zurückgewonnen.

Der als Heizdampf verwandte Abdampf tritt durch den Stutzen *2* in das Heizschlangensystem. Das Heizdampfkondensat fließt durch das Kondensatventil *3* ab und wird zweckmäßig in die Luftpumpenzisterne oder den Warmwasserkasten geleitet. Als Reserve ist an der Heizdampfleitung auch ein Anschluß *16* für Frischdampf vorgesehen. Zwei Druckmesser müssen die Spannung des Heizdampfes und den im Verdampfer herrschenden Druck messen. Zwei Thermometer sollen die Vorwärmung des Rohwassers und die Heizdampftemperatur anzeigen. Der Temperaturunterschied zwischen dem Heißdampf und dem vorgewärmten Rohwasser soll im Interesse eines gleichmäßigen Arbeitens der Anlage eine möglichst geringe sein, jedenfalls 17 bis 22° C nicht übersteigen. Das Sicherheitsventil auf dem Verdampfer muß den gesetzlichen Bestimmungen entsprechen. Ein Wasserstandsanzeiger ermöglicht, den Wasserstand im Verdampfer zu überwachen. Wasserproben zur Prüfung der Salzdichte sind einem Zapfhahn (*22*) zu entnehmen.

Beim inneren Aufbau der Abdampfverdampfer ist besonders auf reichliche Bemessung aller Teile und gute Zugänglichkeit Rücksicht zu nehmen. Das Heizschlangensystem wird um eine senkrechte Welle drehbar angeordnet und kann nach Lösung einiger Flanschenschrauben herausgeschwenkt und überholt werden. Die Heizschlangen sind mit einer besonders gebauten Kupplung an der Dampfverteilkammer befestigt und lassen sich einzeln abnehmen.

Fig. 58 zeigte die Ausführung des Schiffsverdampfers der Firma *C. A. Schmidt-Söhne*, Hamburg, mit aufgeklapptem Deckel und einer herausgeschwenkten Heizschlange. Der konstruktive Aufbau entspricht dem des vorbesprochenen *Atlas*-Verdampfers.

Bei den Abdampfverdampfern liegen die wärmewirtschaftlichen Verhältnisse insofern sehr günstig, als der zu Heizzwecken verwandte Dampf schon in der Hauptmaschine oder in den Hilfsmaschinen gearbeitet hat und die Erzeugung des Reinwassers nur nebenher erfolgt. Die Verwendung von Dampf, der einen Teil seiner Arbeit bereits geleistet hat, zum Vorwärmen des Speisewassers ist an Bord von Schiffen schon allgemein üblich und als wirtschaftlich erkannt. Man benutzt zu diesem Zweck sowohl Anzapfdampf der Hauptmaschinen als auch den Abdampf selbständiger Hilfsmaschinen.

Der Abdampfverdampfer wirkt gewissermaßen nur wie ein in die Abdampfleitung eingebautes Druckminderungsventil. Statt den Heizdampf unmittelbar in den Vorwärmer zu schicken, wird er erst in den Verdampfer geleitet und der dort erzeugte Brüdendampf geht in den Vorwärmer.

Der Verwendung des Dampfes nacheinander zur Leistung mechanischer Arbeit, zur Erzeugung von Reinwasser und zur Vorwärmung des Speisewassers bedeutet in der Tat eine sehr gute Ausnutzung.

Auf einen wärmetechnisch richtigen Einbau der Verdampfer ist natürlich zu achten. Am besten löst sich die Frage bei zweistufiger Vorwärmung nach Fig. 93, bei welcher eine Hilfsdampfleitung für hohen und eine solche für niedrigen Dampfdruck vorhanden ist. Der Abdampf der meisten Hilfsmaschinen wird so hoch gehalten, daß der Verdampfer und ein Oberflächenvorwärmer damit gespeist werden können, während der Brüdendampf aus dem

Verdampfer in den Mischvorwärmer geht, und zwar gewöhnlich zusammen mit dem Abdampf der Lichtmaschine. Auf diese Weise kann die Vorwärmung des Speisewassers leicht auf 120 bis 130° C gebracht werden. Diese Anordnung ist schon aus dem Grunde stets wirtschaftlich, weil die Hilfsmaschinen zur Einsparung von Raum und Gewicht mit Abdampfkanälen gebaut werden, die für niedrig gespannten Abdampf zu eng wären. Auch verlangt niedrig gespannter Dampf sehr große und schwere und daher teuere Rohrleitungen, welche die Baukosten und das Schiffsgewicht ungünstig beeinflussen. Bei Gebrauch der Winden zum Löschen und Laden kann der Windenabdampf zur Beheizung der Verdampfer herangezogen werden, um einen gewissen

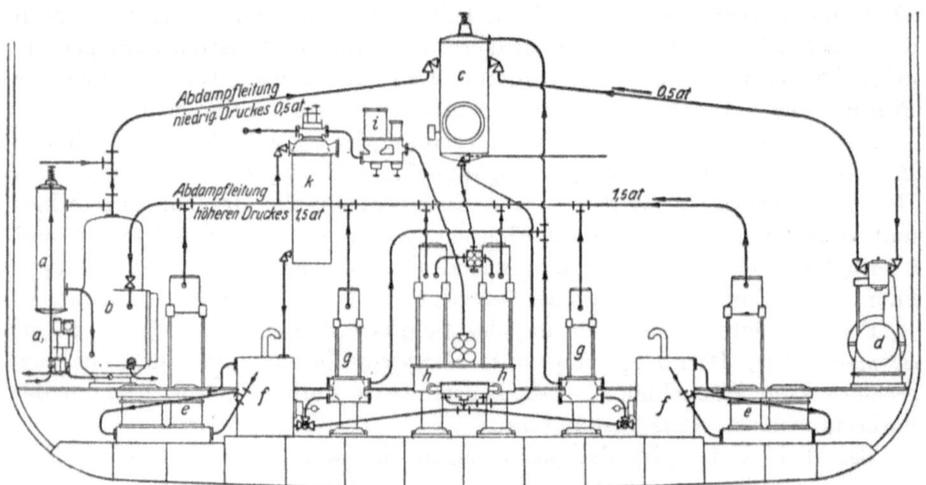

Fig. 93. Schematische Darstellung des Einbaus einer zweistufigen Schiffsverdampfer- und Vorwärmeranlage.

kleinen Vorrat an destilliertem Wasser zu erzeugen, der stets aus Gründen der Betriebssicherheit mitgeführt wird.

Was nun die Steigerung bzw. Verminderung der Verdampferleistung anbelangt, so ist dabei zu beachten, daß bei voll geöffnetem Kondensatventil bei einem Heizdampfdruck von 1,5 Atm Überdruck und bei einem Druck des erzeugten Brüdendampfes von 0,2 bis 0,5 atü die größte Leistung erzielt wird.

Es wäre abwegig, die Leistung des Verdampfers durch Vergrößerung des Heizdampfdruckes steigern zu wollen; denn der Heizdampf wird ständig unterhalb derjenigen Temperaturen zu halten sein, bei denen sich die Salze des Seewassers ausscheiden und auf den Heizschlangen festbrennen. Ein Heizdampfdruck von 2 atü darf keinesfalls überschritten werden, er soll normalerweise 1,5 atü betragen.

Bei gedrosseltem Kondensatventil wird bei geringerem Dampfdurchgang die Verdampferleistung geringer. Da die zur Verfügung stehende und durch die im Betriebe befindlichen Hilfsmaschinen gelieferte Heizdampfmenge andererseits gleich bleibt, muß der Druck in der Abdampfleitung steigen und der Überschußdampf durch ein federbelastetes Ventil nach dem Misch- oder Oberflächenvorwärmer entweichen. Bei Anlagen mit zwei Vorwärmern wird der überschüssige Abdampf zur weiteren Vorwärmung des Speisewassers benutzt. Bei Anlagen mit nur einem Vorwärmer kann jedoch der in den Vorwärmer tretende Dampf unter Umständen als Gegendruck auf den ebenfalls in den Vorwärmer tretenden im Verdampfer erzeugten Dampf wirken und damit die Leistung des Verdampfers aufheben. Bei derartigen Anlagen erscheint es in diesem Falle vorteilhafter, den Abdampfdruck entweder niedriger zu halten, oder das zuviel erzeugte Wasser aus der Zisterne oder dem Warmwasserkasten in den Tank laufen zu lassen und dort zur späteren Verwendung aufzuspeichern.

Während der Liegezeit im Hafen wird der Abdampf der im Hafenbetrieb arbeitenden Hilfsmaschinen, insbesondere der Winden, ebenfalls in den Abdampfverdampfer geschickt. Der dort erzeugte Dampf kann aber bei der geringen Speisewassermenge nicht im Vorwärmer untergebracht werden und muß daher teilweise in einem Hilfskondensator oder im Hauptkondensator niedergeschlagen werden. Dorthin wird auch zweckmäßig das vorher entölte Heizdampfkondensat des Verdampfers und das Kondensat eines vorhandenen Oberflächenwärmers geleitet. Für den Fall, daß der Abdampfverdampfer den ganzen Abdampf der Winden und anderer Maschinen nicht verarbeiten kann, muß in der Abdampfleitung ein federbelastetes Ventil eingebaut sein, das den überschüssigen Abdampf in der Haupt- oder Hilfskondensator abläßt.

Man gewinnt auf diese Art wesentlich mehr Kondensat als zur Speisung der Kessel nötig ist. Das überschüssige Reinwasser kann auf Vorrat gesammelt werden. Da man nicht gern Wasser von annähernd 100° C in die Doppelbodenzellen laufen läßt, so ist es zweckmäßig, das Wasser im Kondensator tiefer abzukühlen. Auf die Eintrittstemperatur des Speisewassers in den Kessel hat dies keinen Einfluß, da entsprechend mehr Dampf nach dem Vorwärmer geht und das Speisewasser wieder erwärmt. Es ist allerdings notwendig, daß die Speisung des Kessels im Hafen nicht mehr wie bisher üblich, periodisch durch Injektoren, sondern fortlaufend durch Hilfsspeiseapparate betätigt wird.

Die Erzeugung von Reinwasser auf Vorrat aus dem Windenabdampf im Hafenbetriebe ist ein weiterer großer Vorteil, den die Abdampfverdampferanlagen bieten.

Unter allen Umständen sollte daher auch im Hafen nur destilliertes und entlüftetes Wasser gespeist werden.

Der weitgehenden Entgasung des gesamten Speisewassers auf Schiffen wird zur Zeit noch keine große Aufmerksamkeit gewidmet. Bei dem jetzt noch vorherrschenden Betriebsdruck von 15 ata und dem durch den Hilfsmaschinenabdampf stets etwas ölhaltigen Kondensat haben sich besondere Schäden durch Anrostungen im allgemeinen nicht eingestellt. Mit zunehmendem Kesseldruck wird jedoch dieser Frage dieselbe Beachtung geschenkt werden müssen wie bei Landanlagen, weil mit zunehmenden Temperaturen auch die noch vorhandenen geringen im Wasser gelöst enthaltenen Mengen Sauerstoff und Kohlensäure ausgeschieden werden und Anfressungen verursachen. Es ist zudem zu berücksichtigen, daß Wasserrohrkessel ihren Wasserinhalt viel rascher verdampfen als gewöhnliche Schiffskessel, wodurch die Zufuhr an korrosiven Gasen vergrößert wird. Es sei an dieser Stelle nochmals auf die irrige Annahme hingewiesen, daß bei guter gleichbleibender Luftleere keine Luft im Kondensat mehr enthalten sei, da durch Undichtheiten, z. B. an den Saugstopfbüchsen der Pumpen, Luft zutritt und vom gasfreien Kondensat mit Begierde aufgenommen wird. Es wird also auf gute Entgasung und vollkommenen Gasschutz mit wachsenden Betriebsdrücken Wert gelegt werden müssen.

Die Vorteile des Einbaues eines Abdampfverdampfers können nach vorstehenden Ausführungen wie folgt gekennzeichnet werden:

Dadurch, daß nur reines Kondensat gespeist wird, ist jedes Verschmutzen der Kessel durch Kesselstein, Schlamm oder andere Unreinigkeiten ausgeschlossen. Im ganzen Kessel findet dauernd ein guter Wärmeübergang statt. Die Abgastemperatur bleibt niedrig und der Kessel arbeitet dauernd mit höchstem Wirkungsgrad.

Der Kohlenverbrauch sinkt.

Die Anfressungen im Kessel, an den Armaturen und an den Turbinenschaufeln, die oft großes Unheil anrichten, fallen fort.

Die Kessel brauchen auch nach jahrelangem Betriebe nicht von Kesselstein gereinigt zu werden, welcher Umstand eine bedeutende Ersparnis an Löhnen mit sich bringt.

Da ein Schiff, das sein Zusatzwasser durch Verdampfer erzeugt, keine große Wasserlast mitzunehmen braucht, kann es eine um so größere Nutzlast laden. Bei Schiffen mit Ölfeuerung können unter Umständen die Räume, die sonst das Frischwasser enthalten, zur Unterbringung des Heizöls verwandt werden.

Das Destillat wird durch die Verwertung anfallenden Abdampfes sehr billig erzeugt.

2. Die Speisewasservergütung auf Flußdampfern.

Die Einrichtung zur Aufbereitung des Kesselspeisewassers ist auf Flußdampfern wesentlich primitiver wie auf Überseedampfern. Sie beschränkt sich auf eine gute Filterung, Entlüftung und Vorwärmung zusammen mit einer guten Entölung des rückgewonnenen Kondensates, da heute dort noch durchweg Kolbenmaschinen als Hauptmaschine Verwendung finden. Auch kommt es in unserer kapitalarmen Zeit häufig darauf an, veraltete Maschinenanlagen durch Einbau einfacher Apparate so zu verändern, daß mit verhältnismäßig geringen Kosten eine große Verbesserung der Speisewasserpflege erzielt wird[1].

---

[1] Die Verbesserung auf älteren Schiffen kann durch den nachträglichen Einbau von Reiniger, Entlüfter und Vorwärmer erzielt werden. Bei Neubauten werden heute daneben auch öfters Abdampfverdampfer der beschriebenen Bauart aufgestellt.

Die Oberflächenvorwärmer dienen zur Vorwärmung des Speisewassers auf ∾ 100 ° C und darüber unter Ausnutzung des Abdampfes der Rudermaschine, der in den meisten Fällen reichlich zur Verfügung steht. Nach Bedarf kann eine Dampfentnahme aus dem M.D.-Aufnehmer bzw. N.D.-Aufnehmer der Hauptmaschine stattfinden. Der Abdampf der Hauptmaschine kommt für eine Vorwärmung des Speisewassers wegen des zu niedrigen Temperatur-

Fig. 94.
Atlas-Speisewasserreiniger.

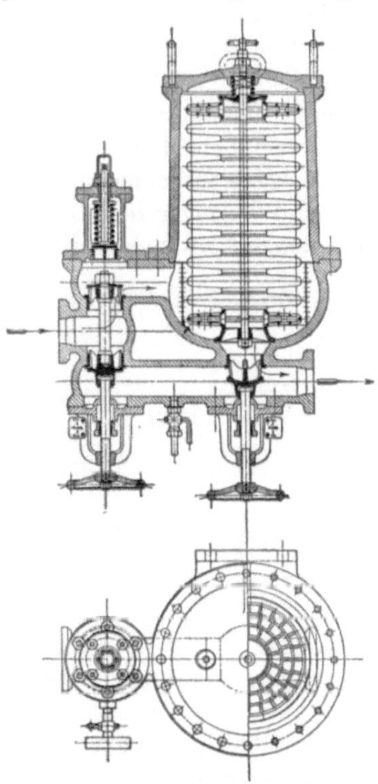

Fig. 95. Kondensatentöler. Bauart „*Atlas*-Werke“.

gefälles nicht in Betracht. Alle Vorwärmer in der Abdampfleitung der Hauptmaschine bieten keinen Vorteil. Eine gute Speisewasservorwärmung bringt eine Kohlenersparnis von mindestens 10 Proz. und bietet außerdem noch im leichten Dampfhalten, in einer normalen Rostbeanspruchung und ferner in der Möglichkeit, stets die volle Leistung der Maschine auszunützen, weitere Vorteile.

Auch empfiehlt es sich, an Stelle der jetzt noch sehr oft vorhandenen Einspritzkondensationen Oberflächenkondensatoren einzubauen, um das wertvolle Kondensat nach guter Entölung wieder zur Kesselspeisung heranzuziehen. Hierzu wird man im übrigen schon durch die fortschreitende weitere Verschlechterung des Flußwassers gezwungen sein, da die Kessel bereits jetzt sehr schnell verschmutzen und deshalb Anfressungen viel öfter auftreten als früher. Der Einbau von Oberflächenkondensationen ist zudem meist ohne große Schwierigkeiten möglich.

In Verbindung mit einer Oberflächenkondensation wäre dann ein Abdampfverdampfer einzubauen, um als Zusatzwasser zur Deckung der Verluste im Dampfkreislauf nur Destillat dem Speisewasserstromkreis zuzugeben. Da alsdann das Zusetzen des den Kesseln unzuträglichen Rohwassers fortfällt, werden die zeitraubenden und kostspieligen Kesselreinigungsarbeiten eingespart. Der Wirkungsgrad des Kessels bleibt außerdem unverändert auf der gewährleisteten Höhe.

Um das im Kondensat der Hauptmaschine enthaltene, dem Kessel außerordentlich schädliche Öl zu entfernen, muß ein Ölreiniger vor dem Vorwärmer in die Speisewasserdruckleitung eingebaut werden.

Fig. 94 und 95 zeigen die *Atlas*-Bauart eines solchen Speisewasserreinigers. Es handelt sich um ein eingebautes und von dem zu entölenden Kondensat durchströmtes Wolltuchfilter. Das Filter saucht die Ölteilchen auf. Beim Einschalten des Filters wird zuerst das Ventilrad *B* links herumgedreht und das zugehörige Ventil geöffnet. Dann erst wird das Ventilrad *A* rechts herumgedreht, so daß der obere Ventilsitz des Doppelventils öffnet und der untere schließt.

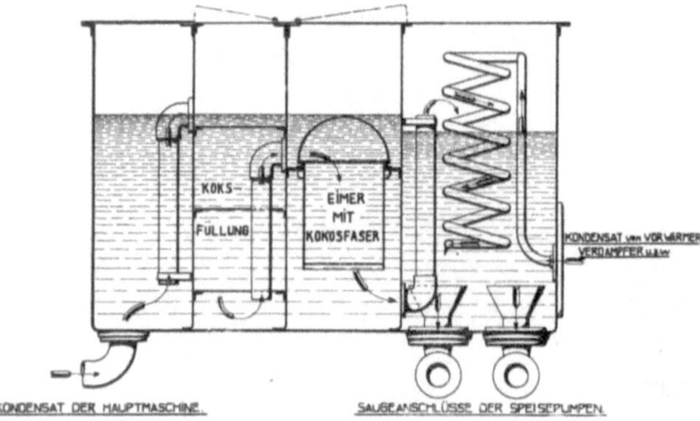

Fig. 96. Kaskaden-Filter zur Speisewasser-Reinigung.

Beim Ausschalten wird zuerst das Ventilrad *A* linksherum gedreht, so daß das Doppelventil unten öffnet und oben schließt. Dann erst wird das Ventilrad *B* rechts herum gedreht, so daß das zugehörige Ventil schließt.

Der Filter kann in einem Stück nach oben herausgehoben werden Um ihn zu reinigen, genügt es, das Filtertuch gegen ein reines auszuwechseln. Die ganze Arbeit ist in kürzester Zeit ausgeführt. Das schmutzige Filtertuch wird ausgekocht und bei der nächsten Reinigung des Apparates wieder eingesetzt. Dieses einfache Verfahren trägt wesentlich dazu bei, daß das Personal den Reiniger stets betriebsklar hält. Der Reiniger erhält die nötigen Armaturen zum Auskochen und Ablassen des Schlammes.

Die Ventile sind derart angebracht, daß man den Reiniger auch während des Betriebes ausschalten kann. Dem besprochenen Reiniger wird ein als Kaskadenfilter (Fig. 96) ausgebauter Warmwasserkasten vorgeschaltet. Derselbe hat mehrere Abteilungen mit Koks- und Cocosfaserfüllung, die das Kondensat der Hauptmaschine durchlaufen muß, bevor es in die Abteilung für gereinigtes Wasser gelangt, Kondensatleitungen von Vorwärmer, Dampfheizung usw. werden an denselben angeschlossen.

Der Kaskadenfilter mit nachgeschaltetem Reiniger gibt bei guter Instandhaltung ein nahezu ölfreies Kondensat und verhütet dadurch schwere Kesselschäden.

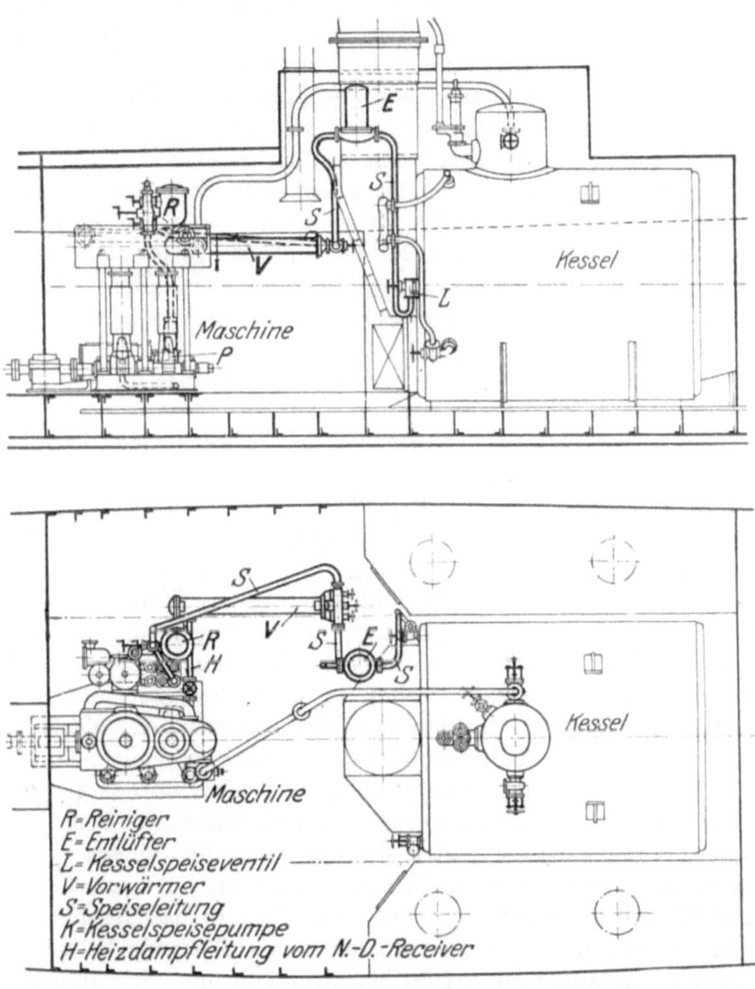

Fig. 97.
Gesamtanordnung einer Speisewasserreinigungsanlage auf einem Flußschleppdampfer.

Das in der Kombination von Kaskadenfilter und Wollfilter entölte Kondensat wird dann zusammen mit dem Zusatzwasser dem Entlüfter und von dort nach erfolgter Entgasung in die Kesselanlage gedrückt.

Fig. 73 zeigte den *Atlas-Aerex*-Entlüfter. Das Speisewasser tritt mit geringer Geschwindigkeit im Windkessel aus, verteilt sich über die Rieselflächen und scheidet hierbei Luft sehr gut aus, besonders, wenn es vorher stark vorgewärmt ist.

Die im Windkessel sich ansammelnde Luft drückt den Wasserspiegel so lange nach unten, bis der Schwimmer durch den Kniehebel das Ventil öffnet und Luft abläßt. Die Einrichtung ist so getroffen, daß dies erst eintritt, wenn der Wasserspiegel etwa 100 mm unter dem Ventil liegt, so daß auf der Oberfläche schwimmende Verunreinigungen das Ventil nicht verschmutzen und seine Tätigkeit nicht behindern können.

Falls kein Speisewasserreiniger vor den Entlüfter geschaltet ist, wird ein Schlammablaßhahn nebst Schlammtrichter eingebaut, so daß das im Entlüfter sich ansammelnde Öl abgelassen werden kann.

Der Speisewasserentlüfter scheidet selbsttätig die in dem Speisewasser vorhandene Luft aus, besonders bei Verwendung von an der Hauptmaschine angehängten Speisepumpen. Der Kessel und die Armaturen werden vor Anfressung bewahrt, ihre Lebensdauer also verlängert. Der Dampf ist frei von Luft, die Luftpumpen werden also entlastet, und es ist stets ein gutes Vakuum vorhanden.

Fig. 97 zeigt die Anordnung von Entöler und Entlüfter im Maschinenraum eines Schleppdampfers.

Die Form der Apparate ist so gewählt, daß sie leicht auch in vorhandene Anlagen einzubauen sind.

Die Binnenfahrzeuge haben während der Zeit, in der die Binnenwasserstraßen fahrbar sind, meist keine Gelegenheit, die maschinellen Anlagen gründlich zu überholen. Um so wichtiger ist es daher, daß die Winterzeit dazu benutzt wird, nicht nur die laufenden Unterhaltungsarbeiten durchzuführen, sondern auch die Maschinen- und Kesselanlagen daraufhin zu untersuchen, ob die Isolierung in einwandfreiem Zustande ist, so daß Wärmeverluste vermieden werden, des weiteren, ob die Steuerung der Maschinen noch richtig eingestellt ist, um den Dampfverbrauch in der Maschine selbst so niedrig wie möglich zu halten und einen ruhigen, gleichmäßigen Gang zu gewährleisten. Auch empfiehlt es sich, zu prüfen, ob das gesamte Kondensat aus Speisewasservorwärmern, Wasserabscheidern, Dampfzylindern, der Hauptmaschine usw. nicht über Bord geht, sondern wieder für die Speisung des Kessels verwandt wird. Wichtig ist ferner, für sparsamste Schmierung durch Einbau neuzeitlicher Preßöler sowohl für die Maschinenlager als auch für die Zylinderschmierung zu sorgen, und das abfließende Schmieröl durch Öl-Rückgewinnungsapparate wieder zu sammeln und für untergeordnete Zwecke weiter zu verwenden.

Die für eine regelmäßige sorgfältige Instandsetzung der Maschinenanlagen in oben angedeutetem Sinne aufgewendeten Kosten werden sich stets bezahlt machen, da die ständigen, an sich kleinen Verluste, die z. B. durch ungünstige Schieberstellung, undichte und schlecht isolierte Rohrleitungen entstehen, im Laufe eines Jahres einen recht erheblichen Geldverlust bringen, ganz abgesehen davon, daß auch der Verschleiß der Anlage größer ist.

V. Vergütungsverfahren für Lokomotiv-Speisewasser.

1. Die Kesselsteinverhütung im Lokomotivbetrieb.

Die Frage der Aufbereitung des Speisewassers ist im Lokomotivbau von großer Wichtigkeit, weil durch das Reinhalten der Heizflächen die Betriebsdauer der Maschinen wesentlich verlängert werden kann. Es sind theoretisch zwei Wege möglich, um den Lokomotiven vergütetes Speisewasser zur Verfügung zu stellen. Der eine Weg ist der, auf der Lokomotive selbst einen nach dem rein thermischen Verfahren bzw. thermisch-chemischen Verfahren arbeitenden Reiniger unterzubringen. Konstruktionen dieser Art sind vorgeschlagen worden, bei welchen sich der Reiniger auf dem Tender befand bzw. stirnseitig auf der Lokomotive selbst aufgebaut werden sollte. In beiden Fällen aber nimmt der Reiniger zuviel Raum ein und bildet für die Achsen eine zu große zusätzliche Belastung, sodann aber ist umgekehrt der möglicherweise äußerst zur Verfügung stehende Raum so knapp bemessen, daß an eine wirkungsvolle Beseitigung der Steinbildner und der atmosphärischen Gase nicht gedacht werden kann.

Praktisch in Gebrauch gekommen sind in Deutschland lediglich ortsfeste Reiniger, welche auf den Stationen den Lokomotiven Reinwasser zum Speisen zur Verfügung stellen. Vornehmlich ist in Deutschland das Kalk-Sodaverfahren zur Anwendung gekommen. Die Schwächen des Kalk-Sodaverfahrens sind in Abschnitt II_6 dargelegt worden. Sie gelten in vollem Umfange auch für den Lokomotivbetrieb. Man ist deshalb in Amerika dazu übergegangen, das Permutitverfahren zur Ausreinigung des Speisewassers anzuwenden, zumal es gegenüber dem Kalk-Sodaverfahren auch erhebliche betriebliche Vorteile mit sich bringt. Die Kalk-Sodaanlagen müssen fortlaufend sorgfältig durch einen Chemiker überwacht werden, weil sich das zu reinigende Flußwasser sehr schnell in seiner Zusammensetzung ändern kann. Sodann erfordert das Kalk-Sodaverfahren Klär- und Weichwasserbehälter und insbesondere noch Mischvorrichtungen. Vor allem aber hat das Kalk-Sodaverfahren eine Resthärte, welche, wie in Abschnitt II_6 dargelegt, zusammen mit der in das Reinwasser übergehenden Kieselsäure einen außerordentlich wärmestauenden Stein bildet. Beim Permutitverfahren kommen die Absitzbehälter in Fortfall, da das Wasser nach Verlassen des Filters unmittelbar in einen Vorratsbehälter fließt. Als einziger Betriebsstoff ist zur Regeneration des Filters Kochsalz erforderlich. Der Regenerationsvorgang ist auf S. 41 u. f. beschrieben worden.

Das Salz wird aus Schiffen oder aus Eisenbahnwagen in einen großen Betonbehälter entladen, wo es sich im Wasser löst und von wo es zur Regeneration dem Permutitfilter zugepumpt wird. Die Bedienung einer solchen Anlage beschränkt sich auf einige Ventilumstellungen während der Regeneration und des Auswaschens des Filters. Sodann aber kommt hinzu, daß kein Platz für die Schlammablagerungen zur Verfügung gestellt zu werden braucht, wie beim Kalk-Sodaverfahren, ein Vorteil, welcher im Eisenbahnbetrieb sehr in die Wagschale fällt. Auch erfordert das Permutitfilter im Gegensatz zum Kalk-Sodaverfahren keine Aufmerksamkeit in bezug auf die durch die Jahreszeit bedingten Veränderungen in der Analyse des Wassers, weil das Permutit sich Härteveränderungen des Rohwassers selbsttätig anpaßt. Bei dem Kalk-Sodaverfahren wäre dagegen eine Neueinstellung der Zuschläge erforderlich.

Die Bedienung einer Permutitanlage kann durch irgendeinen Unterbeamten erledigt werden, dessen Dienst es gestattet, für kurze Zeit Härtebestimmungen mittels Seifenlösung vorzunehmen. Die Filter sind bekanntlich so eingerichtet, daß nach Durchfluß einer bestimmten Rohwassermenge ein Läutewerk in Tätigkeit tritt, das von einem Wassermesser aus mit Hilfe eines elektrischen Kontaktes in Betrieb gesetzt wird und für den Arbeiter somit das Zeichen gibt, daß eine neue Regeneration vorgenommen werden muß. Dieselbe nimmt einschließlich Auswaschen des Filters etwa 30 Minuten in Anspruch. Nach Angaben von *Braungard*[1] benutzt die Southern-Pacific-Eisenbahn gegenwärtig 19 Permutitanlagen mit einer täglichen Leistung zwischen 200 und 3000 cbm, wobei nach Berichten der Verwaltung die großen Anlagen ebenso einwandfrei arbeiten sollen wie die kleinen. Interessant ist der in Zahlentafel 5 zusammengestellte Kostenvergleich zwischen dem Kalk-Sodaverfahren und dem Permutitverfahren. Hiernach ergibt sich für das Permutitverfahren eine Kostenersparnis je Kubikmeter Wasser gegenüber Nichtenthärtung von 21,33 gegenüber 11,15 Pfg. beim Kalk-Sodaverfahren.

Zahlentafel 5.

Betriebskosten.

	Ungereinigt Pf.	Kalk-Soda Pf.	Permutit Pf.
Enthärtungskosten	—	1,891	1,352
Instandhaltungskosten	—	0,145	0,019
Abnutzung	—	0,102	0,133
Zinsen	—	0,153	0,196
Kesselinstandsetzung	9,389	5,065	0,323
Brennstoff	184,694	175,576	170,789
Nettokosten je Kubikmeter H_2O	194,08	182,926	172,752
Ersparnis je Kubikmeter Wasser gegenüber Nichtenthärtung	—	11,15	21,33

Angenommen, daß die Kalk-Sodareinigung 263,34 mg und die Permutitreinigung über 348,84 mg Kesselsteinbildner je Liter gereinigten Wassers

[1] *Braungard*, „Zeolithverfahren für Lokomotiv-Speisewasser". „Die Wärme" 1929, Nr. 23.

entfernt, was der Wirklichkeit sehr nahekommt, so beträgt die Nettoersparnis je Kilogramm entfernten Steines beim Kalk-Sodaverfahren 0,752 RM., beim Permutitverfahren 1,086 RM.

Zu beachten ist hierbei noch, daß beim Permutitverfahren zwar die Kieselsäure wie beim Kalk-Sodaverfahren in das Reinwasser übergeht, daß aber auf der anderen Seite das Permutitverfahren eine Enthärtung auf 0° erlaubt. Wie auf S. 98 dargelegt, verbindet sich bei nullgradiger Enthärtung die Kieselsäure mit den ebenfalls in das Reinwasser übergeführten Natriumsalzen zu Natriumsilikat, welches sehr leicht löslich ist und keinen Steinansatz hervorruft.

Zahlentafel 6.
Arbeitsverminderung durch Verwendung von nach dem Zeolithverfahren gereinigtem Wasser.

	Kesselschmiede	Kesselschmiedegehilfen	Kesselwäscher	Kesselwäschergehilfen
Vorher	213	190	17	23
Nachher	146	143	17	16
Minderung . .	31,5%	24,7%	0%	30,5%

Zahlentafel 7.
Jährliche Lohnkostenverminderung in R. M.[1] bei Verwendung der Zeolithenthärtung.

Beschäftigung	Verminderte Arbeiterzahl	Lohnersparnis	Materialersparnis	Ersparnis an Aufsicht	Gesamtersparnis
Kesselschmiede	67	535375	340555	87310	873260
Kesselschmiedegehilfen . .	47	239518	107616	39043	386174
Kesselwäschergehilfen . .	7	35225	15826	5731	56792
Summe	121	810138	363997	132084	1306229

Der Anwendung des Permutitverfahrens sind in Amerika eingehende Versuche vorausgegangen. In Zahlentafel 6 und Zahlentafel 7 sind nach *Braungard* die Arbeitsverminderung und die damit erzielte Ersparnis bei Verwendung von permutitgereinigtem Wasser zusammengestellt. Es entstehen Lohn- und Materialersparnisse. Jede ausgegebene Mark setzt sich aus 31 Pfg. Materialkosten und 69 Pfg. Lohn zusammen. Die Zahlentafel 7 ist in dieser Weise berechnet worden.

Die Beobachtungen der Southern Pacific-Eisenbahn erstreckten sich auf 19 Permutitanlagen verschiedenster Leistung. Die gemachten Erfahrungen decken sich mit denen des Speisewasserausschusses der Vereinigung der Großkesselbesitzer.

Es könnte der Einwand erhoben werden, daß nach Erfahrungen Lokomotiven, welche mit Permutit gespeist werden, in gebirgigen Gegenden schäumen und spucken. Dieses Spucken kann durch Hinzufügen eines ricinusölhaltigen Kesselmittels verhindert werden. Für das Schäumen und Spucken

[1] Zahlentafel 5, 6 u. 7 zusammengestellt nach Angaben der Southern Pacific-Railway.

sollte aber in erster Linie nicht das permutierte Wasser, sondern der Lokomotivführer verantwortlich gemacht werden, welcher durch nicht zu schnelles Öffnen des Dampfventils, durch Einhaltung eines nicht zu hohen Wasserstandes im Kessel bei starken Steigungen und durch Abblasen in häufigen Zwischenräumen zwecks Minderung der Konzentration der Natriumsalze im Kessel dem Schäumen und Spucken der Maschine von vornherein vorbeugen kann.

Auf einen wesentlichen Punkt muß aber hingewiesen werden. Wenn es auch möglich ist, besonders bei Anwendung des Permutitverfahrens, ein vollständig enthärtetes Wasser zu erlangen, welches nicht mehr befähigt ist, Stein oder Schlamm im Kessel abzusetzen, so ist jetzt nach den Darlegungen auf S. 9 u. f. dieses Werkes den im Wasser vorhandenen atmosphärischen Gasen um so mehr die Möglichkeit des Angriffes gegeben. Es wird deshalb bei gasreichen Wässern notwendig sein, auf der Lokomotive einen Entgasungsapparat vorzusehen, welcher das permutierte Speisewasser vor Eintritt in den Kessel von Sauerstoff und Kohlensäure befreit. Es erscheint unter Anwendung der auf S. 93 gegebenen Richtlinien möglich, einen für Lokomotiven geeigneten Entgaser zu konstruieren.

2. Korrosionen und ihre Verhütung im Lokomotivbetrieb.

Seit September 1924 sind die Kessel von 75 Lokomotiven der Chicago- und Alton-Eisenbahn-Gesellschaft nach dem elektrochemischen Verfahren von *Gunderson* gegen Korrosion geschützt[1]. Das Verfahren besteht darin, daß eine Arsenverbindung in den mit Elektroden ausgerüsteten Kessel eingeführt wird. Die Arsenverbindung wird in Rohrform von je 450 g Gewicht durch eines der Auswaschlöcher eingebracht. Der elektrische Strom wird entweder von dem Stromerzeuger für die Lokomotivscheinwerfer oder von einer galvanischen Batterie geliefert.

Eine nach dem Verfahren ausgerüstete Lokomotive ist in Fig. 98 dargestellt. Der die Korrosion verhindernde Vorgang des Verfahrens ist wie folgt zu erklären: Die Oberflächen der Kesselbleche sind niemals gleichmäßig; gewisse kleine Flächen besitzen ein größeres elektrisches Potential bzw. Lösungsneigung als andere benachbarte Flächen. Diese Verschiedenheiten wirken als Zinnelemente, wobei kleine elektrische Ströme durch Lösung des Eisens erzeugt werden, da Wasserstoffionen zur Niederschlagung auf die Flächen mit niedrigem Potential erzeugt werden. Das gesamte Metall des Kessels unterliegt dieser zerstörenden elektrolytischen Einwirkung, jedoch nur unter bestimmten Speisewasserbedingungen. Die Lösung von Eisen in dem Speisewasser wird vervollständigt durch die Erzeugung von Wasserstoffionen durch das Eisen, welche sich sodann mit dem restlichen Teil der Wassermoleküle zu Eisenhydraten verbinden. Diese Hydrate verwandeln sich unter Einwirkung von Sauerstoff in Oxyde die teilweise ausgesprochene elektrolytische Wirkungen haben.

[1] s. a. Wärme 1929, Nr. 27.

Wenn Walzschlacke oder ein anderer Stoff mit gleich niederigem Potential mit den Eisenoberflächen in Berührung ist, so wird Wasserstoff viel reichlicher niedergeschlagen und das Eisen schneller zerstört. Kaltbeanspruchung des Eisens bei der Bearbeitung und Schwingungen im Betrieb erhöhen die Lösungsspannung oder das elektrische Potential der beanspruchten Teile und beschleunigen ihre Korrosion. Die Ablagerung von Wasserstoff auf den Oberflächen des Kessels in einer dünnen, unsichtbaren Schicht erschwert und verhindert schließlich die Ablagerung weiteren Wasserstoffs, so daß weiteres Metall nicht gelöst werden kann, bis der Wasserstoff auf irgendeine Weise beseitigt ist. Dies geschieht durch den Sauerstoff des Kesselspeisewassers, der sich mit dem Sauerstoff zu Wasser verbindet. Das

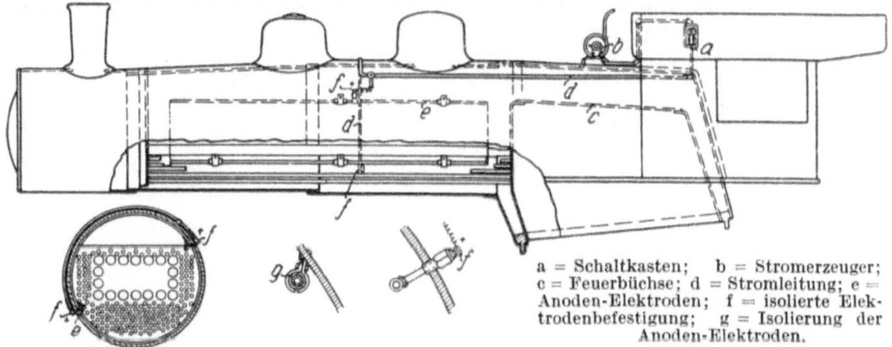

Fig. 98. Lokomotive mit Korrosionsschutz nach dem *Gunderson*-Verfahren.

Gunderson-Verfahren erstrebt nun die Erhaltung dieser schützenden Wasserstoffschicht durch Erzeugung eines Polarisationszustandes, wie er in elektrischen Batterien vorhanden ist.

Das Verfahren erzeugt auf den Innenflächen des Kessels durch Bildung eines arsenischen Überzuges eine Schutzschicht, auf dem sich Wasserstoff niederschlägt und festgehalten wird. Es werden zwei isolierte Eisenrohrelektroden in dem Kessel angebracht, durch welche ein elektrischer Strom von etwa 4 bis 5 Amp. und 2 V Spannung geht. Der Strom geht von den Elektroden, den Anoden, zu den Kesselblechen, welche die negativen Pole des Stromkreises bilden. In dem Speisewasser wird eine chemische Arsenverbindung gelöst, welche die arsenige Schutzschicht auf den Kesselblechen bildet. Das Arsen hat nicht nur die Eigenschaft, die Wasserstoffschicht zu erhalten, sondern gleicht auch die Ungleichheiten der Lösungsspannung oder des elektrischen Potentials aus. Das Arsen allein ist unwirksam, da die Schutzschicht durch chemische Verbindung mit dem gelösten Sauerstoff in dem Kesselspeisewasser bald zerstört würde. Ebenso ist der elektrische Strom für sich allein nicht wirksam. Die Betriebsausgaben für das Verfahren sind sehr gering; sie beschränken sich auf den geringen Stromverbrauch und die Auswechslung der Elektrodenrohre, die eine Lebensdauer von etwa vier

Jahren haben. Dazu kommen die Kosten für die Arsenverbindung, die sich auf 0,60 M. für jede Anwendung im Gewicht von 450 g belaufen. Die Menge reicht für 15 Tage, so daß sich die monatlichen Kosten für die Arsenverbindung auf rund 1,20 M. je Lokomotive belaufen würden.

Die günstigen Erfahrungen, welche die Gesellschaft mit dem Verfahren gemacht hat, haben dazu geführt, daß die Gesellschaft allmählich sämtliche Maschinen mit dem Verfahren ausrüstet. Die Erfahrungen haben folgende Vorteile des Verfahrens einwandfrei dargetan;

praktisch völliges Aufhören der Korrosion in den Kesseln;

allgemeine Erhöhung der Lebensdauer der Rohre und Züge von einem Jahr auf vier Jahre;

Erhöhung der Lebensdauer der Feuerbüchsen im gleichen Rahmen;

entsprechende Minderung der Unterhaltungskosten und der Reparaturzeiten der Maschinen;

Wegfall der Folgen, die sich aus der Korrosion ergeben.

Anhang.

Umwandlung der Härtegrade.

Deutsche	in französische	Französische	in deutsche
1	1,8	1	0,56
2	3,6	2	1,12
3	5,4	3	1,68
4	7,2	4	2,24
5	9,0	5	2,80
6	10,7	6	3,36
7	12,5	7	3,92
8	14,3	8	4,48
9	16,2	9	5,04
10	17,8	10	5,60
11	19,6	11	6,16
12	21,4	12	6,72
13	23,2	13	7,28
14	25,0	14	7,84
15	26,8	15	8,40
16	28,6	16	8,96
17	30,4	17	9,52
18	32,2	18	10,08
19	33,9	19	10,64
20	35,7	20	11,20
21	37,5	21	11,76
22	39,3	22	12,32
23	41,1	23	12,88
24	42,8	24	13,44
25	44,6	25	14,00
26	46,4	26	14,56
27	48,2	27	15,12
28	50,0	28	15,68
29	51,8	29	16,24
30	53,6	30	16,80

1° Härte bedeutet: 1 g CaO oder 0,714 g MgO in 100000 T Wasser nach deutscher Skala, 1 g $CaCO_3$ oder 0,84 g $MgCO_3$ in 100000 T Wasser nach französischer Skala.

Äquivalentgewichte.

Chlor	Cl	= 35,5
Schwefelsäure	SO_3	= 80
Salpetersäure	HNO_3	= 63
Salpetersäureanhydrid	N_2O_5	= 108
Kohlensäure	CO_2	= 44
Kalk	CaO	= 56
Kalkhydrat	$Ca(OH)_2$	= 74
Kohlensaurer Kalk	$CaCO_3$	= 100
Doppeltkohlensaurer Kalk	$CaH_2(CO_3)_2$	= 162
Schwefelsaurer Kalk	$CaSO_4$	= 136

Salpetersaurer Kalk	$Ca(NO_3)_2$	= 164
Calciumchlorid	$CaCl_2$	= 111
Magnesia	MgO	= 40
Kohlensaure Magnesia	$MgCO_3$	= 84
Doppeltkohlensaure Magnesia	$MgH_2(CO_3)_2$	= 146
Schwefelsaure Magnesia	$MgSO_4$	= 120
Magnesiumchlorid	$MgCl_2$	= 95
Magnesiumnitrat	$Mg(NO_3)_2$	= 148
Natriumoxyd (1 x)	Na_2O	= 62
Natriumhydrat (2 x)	$NaOH$	= 40
Natriumcarbonat (Soda)	Na_2CO_3	= 106
Schwefelsaures Natron	Na_2SO_4	= 142
Chlornatrium	$NaCl$	= 58,5
Natriumnitrat	$NaNO_3$	= 85
Kaliumoxyd	K_2O	= 94
Chlorkalium	KCl	= 74,6
Aluminiumsulfat (schwefelsaure Tonerde)	$Al_2(SO_4)_3$	= 342
Aluminiumsulfat (schwefelsaure Tonerde)	$Al_2(SO_4)_3$ + 18 aq	= 666

Es entsprechen demnach rund:

1 g CaO	= 1,786 $CaCO_3$	: 1,43 $NaOH$:	
1 g CaO	: 1,107 Na_2O	: 1,893 Na_2CO_3:	
1 g CaO	; 2,43 $CaSO_4$	: 0,714 MgO:	
1 g CaO	: 1,3214 $Ca(OH)_2$.		
1 g $CaCO_3$	= 0,56 CaO	: 0,80 $NaOH$:	
1 g $CaCO_3$	: 0,62 Na_2O	: 1,06 Na_2CO_3:	
1 g $CaCO_3$	: 0,74 $Ca(OH)_2$	: 1,62 $CaH_2(CO_3)_2$:	
1 g $CaCO_3$	: 1,36 $CaSO_4$	: 0,84 $MgCO_3$:	
1 g $CaSO_4$	= 0,412 CaO	: 0,78 Na_2CO_3:	
1 g $CaSO_4$	: 0,59 $NaOH$	: 0,456 Na_2O:	
1 g $CaSO_4$	: 1,044 Na_2SO_4	: 0,588 SO_3.	
1 g $Ca(NO_3)_2$	= 0,648 Na_2CO_3.		
1 g $CaCl_2$	= 0,955 Na_2CO_3.		
1 g MgO	= 2,1 $MgCO_3$	: 2,0 $NaOH$:	
1 g MgO	: 1,4 CaO[1]	: 1,85 $Ca(OH)_2$:	
1 g MgO	: 1,55 Na_2O	: 2,65 Na_2CO_3:	
1 g MgO	: 3,0 $MgSO_4$.		
1 g $MgCO_3$	= 0,476 MgO	: 0,952 $NaOH$:	
1 g $MgCO_3$	: 1,334 CaO	: 1,762 $Ca(OH)_2$:	
1 g $MgCO_3$	: 0,738 Na_2O	: 1,262 Na_2CO_3:	
1 g $MgCO_3$	: 1,19 $CaCO_3$	: 1,738 $MgH_2(CO_3)_2$:	
1 g $MgSO_4$	= 0,333 MgO	: 0,883 Na_2CO_3.	
1 g $Mg(NO_3)_2$	= 0,716 Na_2CO_3.		
1 g $MgCl_2$	= 1,116 Na_2CO_3.		
1 g SO_3	= 1,325 Na_2CO_3	: 0,7 CaO	: 1,0 $NaOH$:
1 g $NaOH$	= 1,0 SO_3	: 1,325 Na_2CO_3	. 0,7 CaO:
1 g $NaOH$	: 1,25 $CaCO_3$	: 2,025 $CaH_2(CO_3)_2$.	
1 g $NaOH$	: 1,05 $MgCO_3$	: 1,825 $MgH_2(CO_3)_2$.	
1 g Na_2CO_3	= 1,283 $CaSO_4$	: 1,047 $CaCl_2$:	
1 g Na_2CO_3	: 1,543 $Ca(NO_3)_2$	1,132 $MgSO_4$:	
1 g Na_2CO_3	: 0,896 $MgCl_2$.		

1 g $Al_2(SO_4)_3$ + 18 aq. = 4,774 Na_2CO_3: 0,360 $NaOH$.

Ätznatron absolut, 100 Proz. = 132,5° (deutsch).

[1] Bzw. bei Berechnung des Kalkes als Fällungsmittel.

Sachregister.